物联网学堂
玩转.NET Gadgeteer 电子积木

〔英〕Simon Taytor 著

叶 帆 林子轩 牛彦青 译

科学出版社

北京

图字：01-2013-2621号

内 容 简 介

  .NET Gadgeteer是微软剑桥研究院发明的一款使用.NET Micro Framework 和Visual Studio/Visual Studio Express开发小型电子设备的开源工具包，具有面向对象编程、与外部电子设备免焊组装、通过计算机辅助设计快速成型等优势，是实现物联网应用的有效途径之一。

  本书内容涵盖.NET Gadgeteer软件和硬件知识，从设置开发环境、设计应用程序到调试技术，并以大量示例项目讲解各种编程技术和.NET Gadgeteer的各个方面。

  本书可以作为高等院校自动化、电子信息、物联网相关专业的教学用书，也可作为嵌入式、物联网初学者的入门书。

图书在版编目（CIP）数据

 玩转.NET Gadgeteer电子积木/（英）Simon Taytor著; 叶帆，林子轩，牛彦青译.—北京：科学出版社，2014.5

 （物联网学堂）

 书名原文：Microsoft .NET Gadgeteer : Electronics Projects for Hobbyists and Inventors

 ISBN 978-7-03-039909-0

 Ⅰ.玩… Ⅱ.①S…②叶…③林…④牛… Ⅲ.计算机网络–程序设计 Ⅳ.TP393

 中国版本图书馆CIP数据核字（2014）第038593号

责任编辑：叶 秋 杨 凯 / 责任制作：魏 谨
责任印制：赵德静 / 封面制作：付永杰

北京东方科龙图文有限公司 制作

http://www.okbook.com.cn

科 学 出 版 社 出版

北京东黄城根北街16号
邮政编码：100717
http://www.sciencep.com

北京源海印刷有限责任公司 印刷

科学出版社发行   各地新华书店经销

*

2014年5月第 一 版   开本：787×960 1/16
2014年5月第一次印刷   印张：16 1/4
印数：1—4 000   字数：280 000

定价：48.00元

（如有印装质量问题，我社负责调换）

致　谢

感谢微软.NET Micro Framework团队，尤其是Colin Miller、Lorenzo Tessiore、Zach Libby最近几年来对我的帮助。

感谢微软剑桥研究院.NET Gadgeteer团队成员Nicolas Villar、James Scott和Steven Johnson，他们对.NET Gadgeteer的高度热情同样也激励了我。

感谢McGraw-Hill Professional的专业编辑人员为本书出版所做的工作。

最后，特别感谢我的妻子Tsvetana，本书的出版离不开她的支持和鼓励。

推荐序

以前的嵌入式工作人员很少会去借助移动互联网的力量，而常规的软件开发人员或许又会觉着那些电子器件过于枯燥乏味。但是，随着移动互联网技术以及硬件技术的不断发展，这一切都在慢慢地变化，"物联网""可穿戴式设备""智能家居"等概念这几年突然间变得炙手可热。以前搞硬件的会发现，互联网及移动设备会为嵌入式设备带来无穷的魅力，而常规的开发人员也会惊呼：原来用代码来操作硬件并不是件很难的事儿。

.Net Micro Framework是微软所推出的面向广大.Net平台开发人员的一个框架，让你可以用熟悉的工具（Visual Studio）和开发语言（C#）来方便快捷地操控嵌入式硬件设备。2007年我第一次接触到.Net Micro Framework并写出我的第一个嵌入式"hello world"程序，用C#控制一块Digi开发板上的LED闪烁着莫尔斯电码"HelloMorse Code. Hello .NET Micro Framework."时，你无法体会到我当时激动的心情。原来不需要晦涩的汇编，也不需要C语言，我也可以玩嵌入式开发！

随后，微软于2010年将.Net Micro Framework以Apache 2.0协议开源，将其通过CodePlex开源社区(http://netmf.codeplex.com)分发，从而使得更多的开发人员有所了解。

.Net Gadgeteer则是微软英国剑桥研究院基于.Net Micro Framework开发的一套开源的快速硬件原型平台，目前已经有许多第三方厂商生产/设计了自己的.Net Gadgeteer模块，包括国内著名的Seeed Studio。你可以像玩乐高积木一样把各种电子元器件连接起来，然后用上短短的两三行C#代码就可以控制这些小巧的部件，读取传感器数值、通过摄像头拍照或访问网络资源。

叶帆先生是我认识多年的朋友，他在微软.Net Micro Framework的相关部门工作了多年，对此平台有着丰富的经验，而且由他自行研发的基于.Net Micro Framework的紫藤开发板和物联网智能网关在业界也都赫赫有名。相信由叶帆先生来执笔翻译此书，将会为国内的广大.Net开发人员推开嵌入式开发这扇大门。

动起手来，尝试属于.Net开发人员的硬件乐趣吧！

张 欣
微软最有价值专家（MVP）

译者序

说起.NET Gadgeteer，不得不先说一下.NET Micro Framework。虽然.NET Micro Framework已经有十几年的发展历史了，但是在全球范围内，.NET Micro Framework的知名度远远低于它的近亲.NET Framework和.NET Compact Framework，其原因值得探究。

.NET Micro Framework仅从名字上理解，就是一个框架，和.NET Framework及.NET Compact Framework应该没有什么大的不同。但是，.NET Micro Framework有自己的特色，即自启动功能，也就是不需要操作系统也能运行。这个特色将.NET Micro Framework逐渐演化为一个操作系统的角色。恰是这一点，在.NET Micro Framework早期发展过程中，越来越显得没有优势和特色。

早期的.NET Micro Framework并没有直接对第三方开放，而是作为微软.NET全战略的一环，以.NET Micro Framework为基础推出一系列产品。目前，可穿戴设备炙手可热，如智能手表。其实以.NET Micro Framework为核心的第一代产品就是智能手表，早在2003年拉斯维加斯Comdex贸易展上，比尔·盖茨就曾亲自戴着智能手表进行过推广。这项以.NET Micro Framework为核心发展起来的技术叫MSN Direct，除了智能手表产品外，还有可以预报天气的咖啡壶、GPS导航器等产品。

以.NET Micro Framework为核心的第二代产品是SideShow，曾以笔记本第二屏、智能遥控器和智能键盘的面目出现，华硕、三星的一些笔记本就包含这样的SideShow显示屏。

但是，无论是MSN Direct，还是SideShow，其产品并不成功，这和微软早期强制推广.NET战略相关。因为基于.NET技术开发此类产品，虽然开发比较快，但是对硬件资源要求比较高，其.NET托管代码相比原生C++代码速度要慢许多。所以此类产品一旦批量生产，性价比肯定比较低。最初微软也打算全部用.NET C#语言开发操作系统（如Longhorn系统），后来事实证明这种做法是行不通的。

2009年初，微软开始调整.NET Micro Framework发展战略，首先以Apache 2.0许可的授权方式完全开源.NET Micro Framework，并基于.NET Micro Framework推出第三代产品Netduino。微软这个思路其实是仿照Arduino产品而做的，从产品命名到实际硬件接口，都是学习Arduino。我个人认为这个思路是对的，至少充分发挥了.NET Micro

Framework的优势——小巧、开发迅速，并且采用强大的Visual Studio进行程序开发和在线调试，让所有的.NET程序员很容易进入嵌入式领域进行相关开发。不得不说，在软硬件开发结合越来越紧密的时代，这对.NET程序员是一个福音。

而其后推出的基于.NET Micro Framework技术的.NET Gadgeteer产品更是充分发挥了.NET Micro Framework优势，在Netduino产品的基础上更上一层楼，青出于蓝而胜于蓝，完全演化成具有微软自己特色的产品。特别是微软定义的20种.NET Gadgeteer Socket类型，应该是微软为工控领域制订OPC技术标准以来，最重要的一个接口标准。

更具特色的是拖拽式可视化编程。在DOS时代开发一个界面程序，可以说是摸着石头过河，边写代码，边运行测试，以确认相关界面的位置是否合适。Windows平台下最初的Visual Basic等可视化编程工具，让我们的界面开发进入一个新时代，每个功能模块都被封装为一个控件，通过可视化拖拽式设计界面，让我们的界面开发提升到一个新的水平。同理，我们以软件界面开发的眼光审视目前的硬件开发，其实开发模式仍处在DOS时代，每外接一个功能模块，都需要我们的程序员匠心独运，小心翼翼分配相关的针脚，并用心开发相关驱动，最终通过应用程序调用底层接口，进行数据交互。

而.NET Gadgeteer的开发环境，让我们摒弃了这些琐碎和繁杂的步骤，视每个外接模块为一个控件，通过拖拽方式，让核心主板和这些模块相连，自动完成接口初始化、模块初始化等工作。留给我们做的就是一些业务逻辑的实施和完善，这是硬件开发领域的面向对象编程，是一个具有里程碑意义的硬件开发变革。

有了这些特色，.NET Gadgeteer已经和Netduino、Arduino等相关DIY产品不同，跳出了仅仅是学习硬件、电子产品小制作的范畴。再结合目前发展得如火如荼的3D打印技术，.NET Gadgeteer已经成为快速制作最终产品的最好选择（特别是小批量、个性化产品）。在物联网发展迅猛的今天，.NET Gadgeteer更是可以大显身手，可以方便地接入各种传感器模块，并把相关数据上传到云端。

本书共13章，由我和两位技术网友共同翻译完成。其中，牛彦青翻译了第1、2、5、6章及附录；林子轩翻译了第7、8、9、10章；我翻译了第3、4、11、12、13章，并对全书统稿。

初次翻译此类书籍，并且时间仓促有限，错误恐在所难免，敬请读者朋友和专家指正。

叶　帆

2013年9月12日于北京

序

Frederick Brooks，是软件工程学名著《人月神话》(*The Mythical Man-Month*：*Essays on Software Engineering*，Addison–Wesley Professional)的作者。他在书中描述了编程的喜悦："一种创建事物的纯粹快乐"和"一种可触及的令人愉悦的工作"，"它打印结果，绘制图片，发出声音，移动机械臂"。几乎和我聊过天的每个程序员都记得他们早期的实验，如使用发光二极管和伺服系统，即使他们有一段时间不从事创建设备的工作。

所幸我有过编程教学经历，曾体会到在互动过程中创造新东西，与其他事物、与周围环境协调是一件很令人着迷的事。也有机会经历设备连接时发生爆炸的情况，从而促进了新一代的设备和技术的发展。.NET Gadgeteer同样也经历了这些过程。

做这类项目面临的挑战是，最初阶段的学习曲线总是陡峭的。在过去，想要完成一个电子项目，哪怕是简单地开启LED的操作，你都需要知道从哪里得到及如何选择兼容电子零件，如何加载兼容的开发工具，学习一种新的语言或新的桌面语言，掌握一种制作技能。如模板的调试和焊接，至少应学习GPIO级别的嵌入式接口知识，了解如何将你的代码部署到设备，然后祈求老天保佑。如果它没有按照你预期的结果执行，就必须弄清楚如何调试你所连接的设备（布线、逻辑及任何其他方面）。

.NET Gadgeteer改变了这一模式，通过.NET Gadgeteer，在你创建简单的原型之前，不需要学习太多的硬件知识。现在，你可以很快地创建激动人心的东西。如果你需要，可以继续深入研究。这一方式的优势是相当明显的。几乎每天，都有人在博客上发布，采用Gadgeteer技术，以很快的速度创造的一些很酷的东西。如第一个标准示例，我们在.NET MF/Gadgeteer中编写摄像头应用程序仅用了4行代码，而且仅仅是将模块连接起来就可以了。这种简单性是很重要的，因为这意味着完成一件很酷的作品会很迅速。

然而，一旦你创建了这个简单的相机和伺服系统，之后会怎样呢？当你按下按钮时，快速四线相机将会拍摄照片，并在显示器上显示拍摄的照片。之后，图片可能会存储到SD卡上，而且可以将SD卡上的图片滚动播放，可以删除与你最初设想不一致的图片。突然间，你开始想编写更多行代码，如文件的输入/输出、触摸屏界面操作及其他。

　　这就是我喜欢本书的原因，它不仅仅能实现一些简单的项目（一些你可以在互联网上找到的），而且在你完成前一个项目之后，如果有需要还可以获得更多的信息，来创建完全属于你自己的项目。例如，在你不知道什么是I²C的时候，也可以创建很多很酷的东西，但在某些时候，你可能会用到一个特殊的传感器，而只能I²C访问。最近这些天，我已经很少创建项目（不包括扩展模块）了，一个原因在于MCU本身具有某些功能。除非始终没有我所想要的模块，或者已有的模块不适用。本书提供一个快捷的.NET Gadgeteer入门指南，也仅提供一个继续学习的背景，我们要了解的东西还很多。

　　本书主题涉及Visual Studio的配置和使用，包括在工具集中与其他程序相比有何特点；当设备运行的时候是如何管理电源的；事件驱动设计模式是什么，为什么它是Gadgeteer应用程序的核心模式。这只是几个例子，实际上它涉及的领域相当多。如果你从网上复制过一些有趣的应用程序，而现在想加以扩展或创建自己的应用程序，本书将会为你提供搭建小型设备所需的几乎任何知识。

Colin Miller

微软.NET MF产品经理

前　言

嵌入式设备是硬件和软件的组合。在硬件方面，需要有特定的传感器和控制器接口与实际应用相连。软件定义了设备的行为及传感器和控制器的反馈方式。

微软 .NET Gadgeteer定义了硬件和固件标准，制造商可以开发符合标准的传感器模块，以使其能够与处理器主板兼容。这样就简化了嵌入式设备的第一个需求——硬件。你可以选择适合项目的传感器和接口，只需将其插入处理器主板。此标准通过处理器主板定义所需的接口，并且允许使用一系列来自不同制造商的处理器主板。.NET Gadgeteer还定义了传感器和主板之间的固件接口，使传感器可以使用处理器主板提供的底层驱动。

第二个需求是实现应用程序各种功能的软件。微软.NET Micro Framework提供编程接口运行时操作系统（基于桌面.NET Framework），还提供了完整的开发和调试工具，如Visual Studio Express。应用程序可采用高级语言（C＃或Visual Basic）编写。

结合兼容Gadgeteer的硬件和.NET Micro Framework系统，可以通过非常简单的方式组合成复杂的嵌入式系统。

本书目的在于探讨.NET Gadgeteer中的各种元素是如何工作的，你将获得创建自己的项目的相关知识。我们不仅仅介绍如何在项目中使用各种Gadgeteer传感器，还深入探讨.NET Gadgeteer的原理及编程的各个方面。理解了.NET Gadgeteer如何工作及如何与.NET Micro Framework交互，开发无错的复杂应用程序将会更简单。

本书内容涵盖了使用.NET Gadgeteer的各个方面，从设置开发环境、设计应用程序到调试技术。我们会通过示例项目讲解各种编程技术和.NET Gadgeteer的各个方面。

学完本书后，你将收获搭建小型嵌入式设备的知识和信心。

目　录

第 1 章　.NET Gadgeteer概述

1.1　.NET Gadgeteer基本组成 ……………………………………………… 1

   1.1.1　硬件接口 ………………………………………………………… 1

   1.1.2　固　件 …………………………………………………………… 2

1.2　Micro Framework和Gadgeteer简介 ………………………………… 2

   1.2.1　TinyCLR简介 …………………………………………………… 3

   1.2.2　基类层 …………………………………………………………… 4

1.3　Gadgeteer架构 ………………………………………………………… 4

   1.3.1　硬件接口 ………………………………………………………… 4

   1.3.2　固件接口 ………………………………………………………… 6

1.4　创建Gadgeteer应用程序 ……………………………………………… 7

   1.4.1　串行摄像头模块 ………………………………………………… 7

   1.4.2　应用程序设计器 ………………………………………………… 8

第 2 章　软件开发环境

2.1　安装Visual C# 2010 Express …………………………………… 13

2.2　安装.NET Micro Framework …………………………………… 17

2.3　安装Gadgeteer Core SDK ……………………………………… 21

2.4　Gadgeteer文档 …………………………………………………… 24

2.5　安装Gadgeteer Mainboard和Modules SDK ………………… 25

2.6　小　结 ……………………………………………………………… 36

第 3 章　Gadgeteer Socket、主板和模块

3.1　Gadgeteer Socket ……………………………………………… 38

3.2 主 板 ……………………………………………… 41

3.3 模块和接口 ………………………………………… 43

    3.3.1 Module基类 …………………………………… 44

    3.3.2 DaisyLinkModule基类 ………………………… 45

    3.3.3 DisplayModule基类 …………………………… 46

    3.3.4 NetworkModule基类 ………………………… 48

3.4 Gadgeteer 应用程序 ………………………………… 48

    3.4.1 Program基类 …………………………………… 49

    3.4.2 应用程序 ………………………………………… 50

3.5 Gadgeteer 接口、实用功能和服务 ………………… 52

    3.5.1 接 口 …………………………………………… 52

    3.5.2 实用功能 ………………………………………… 52

    3.5.3 服 务 …………………………………………… 54

第 4 章　Gadgeteer的API接口

4.1 模拟输入/输出 ……………………………………… 55

    4.1.1 AnalogInput类 ………………………………… 55

    4.1.2 AnalogOutput类 ……………………………… 56

4.2 数字输入、输出和输入/输出 ……………………… 57

    4.2.1 DigitalInput接口 ……………………………… 57

    4.2.2 DigitalOutput接口 …………………………… 57

    4.2.3 DigitalIO接口 ………………………………… 58

4.3 InterruptInput类 …………………………………… 58

4.4 PWMOutput类 ……………………………………… 59

4.5 I2CBus类 …………………………………………… 59

4.6 Serial类 ……………………………………………… 60

4.7 SPI类 ………………………………………………… 61

第 5 章　Gadgeteer主板和模块

5.1 Gadgeteer主板 ……………………………………… 63

    5.1.1 GHI Electronics ………………………………… 63

5.1.2 Mountaineer Group ·· 65

5.1.3 Love Electronics ··· 68

5.1.4 Sytech Designs Ltd. ·· 69

5.2 Gadgeteer 模块 ·· 71

5.2.1 以太网、WiFi和SD卡 ·· 71

5.2.2 图形显示器 ··· 71

5.2.3 I²C和SPI模块 ·· 71

5.2.4 串行模块 ·· 72

第6章 部署和调试

6.1 TinyCLR和TinyBooter ··· 74

6.2 使用MFDeploy ··· 75

6.2.1 MFDeploy主界面 ·· 75

6.2.2 MFDeploy功能 ·· 77

6.3 用Visual Studio部署和调试 ······································ 84

6.3.1 编译项目 ·· 85

6.3.2 设置断点 ·· 86

6.3.3 立即执行 ·· 89

6.3.4 单步执行代码和移动执行点 ·································· 89

6.3.5 Visual Studio的更多特性 ······································ 90

第7章 编写Gadgeteer应用程序

7.1 过程式和事件驱动式应用程序 ···································· 91

7.1.1 基本设计流程：过程式与事件驱动式的对比············· 92

7.1.2 电池省电设计 ··· 92

7.2 Gadgeteer应用程序流程 ·· 94

7.2.1 Gadgeteer应用模板 ··· 95

7.2.2 应用程序线程 ··· 97

7.2.3 类与项目代码文件 ·· 99

7.2.4 使用过程式代码 ··· 102

7.3 小 结 ··· 106

第8章　数据输入/输出项目

8.1　在Visual Studio Express里创建空方案 ································ 107

8.2　SPI显示器模块：使用项目资源文件 ····························· 111

8.3　I²C加速度计与数据处理线程 ································· 116

8.4　Gadgeteer DaisyLink ································· 123

8.5　集合多个模块的项目 ································· 126

　　8.5.1　创建项目 ································· 128

　　8.5.2　JoyInput类及其事件 ································· 129

　　8.5.3　DemoApp类 ································· 133

　　8.5.4　Gadgeteer Program.cs ································· 138

8.6　小　结 ································· 138

第9章　串行通信项目

9.1　使用Serial2USB模块建立串行通信项目 ····················· 139

　　9.1.1　创建新项目 ································· 140

　　9.1.2　启动并调试应用程序 ································· 146

　　9.1.3　启动终端应用程序 ································· 147

　　9.1.4　变更串行端口的物理设置 ································· 150

9.2　串口信息数据处理 ································· 153

第10章　SD卡与文件处理

10.1　挂载和卸载可移动媒体 ································· 157

10.2　GHI主板 ································· 158

10.3　Sytech NANO主板 ································· 160

10.4　目录与文件处理 ································· 161

　　10.4.1　使用StorageDevice类 ································· 162

　　10.4.2　目　录 ································· 162

　　10.4.3　文　件 ································· 163

10.5　保存与恢复设置数据项目 ································· 168

　　10.5.1　添加类到项目 ································· 168

　　10.5.2　Program.cs文件 ································· 174

　　10.5.3　Micro Framework 扩展弱引用 ································· 177

10.6　文本与CSV文件项目 ·························177
　　10.6.1　简易文本记录器项目 ················177
　　10.6.2　CSV文件项目 ·····················182
10.7　小　结 ···································189

第11章　以太网和Web设备项目

11.1　网络socket ·······························192
　　11.1.1　设备网络设置 ····················193
　　11.1.2　TCP/IP服务项目 ················196
11.2　Web设备 ································213
　　11.2.1　Web服务器 ·····················213
　　11.2.2　Web客户端 ·····················218
11.3　Micro Framework网络支持 ··············220
11.4　小　结 ···································220

第12章　设计Gadgeteer模块和主板

12.1　模　块 ···································223
　　12.1.1　简易的定制原型模块 ·············223
　　12.1.2　使用模块项目模板 ···············224
　　12.1.3　GadgeteerHardware.XML ·········227
　　12.1.4　MSI的生成 ·····················229
12.2　主　板 ···································232

第13章　将Gadgeteer原型转化成产品

13.1　使用现有模块还是自行设计 ················233
13.2　包装你的原型 ·····························235

附　录　Gadgeteer与Micro Framework 4.2

第1章

.NET Gadgeteer概述

.NET Gadgeteer是由微软剑桥研究院开发的。它最初仅用于研究院内部，旨在简化嵌入式设备的开发，建立一套硬件传感器和.NET Micro Framework系统连接的标准接口。此项目应用的广泛性很快显现，因而研究院决定将此技术公开，使之成为开源项目。

 本书中将微软 .NET Gadgeteer（此注册商标归微软所有）简称为"Gadgeteer"。

1.1　.NET Gadgeteer基本组成

Gadgeteer技术将物理硬件接口和固件框架结合起来作为一个标准机制（或称为工具包），其目的在于将硬件传感器和其他外围设备（或称为模块）与处理器板（或称为主板）连接起来。我们可以通过Gadgeteer技术将不同制造商生产的模块与主板相连，以满足用户的各种应用需要。为避免与Micro Framework 运行时引起可能的混淆，在此我们以Gadgeteer Framework表示Gadgeteer内核。

1.1.1　硬件接口

通常情况下，Gadgeteer主板是黑色的，而供电模块设计成红色，以便于区分。Gadgeteer的物理硬件接口控制主板和模块之间的连接，定义连接器类型（10针，1.27mm）和针脚功能（哪些针脚用来供电，哪些针脚用做数据传输）。物理连接采用2×5针的IDC（绝缘位移连接器）和带状电缆。硬件电路板也进行了定义，其中包括安装孔的位置及间距、电路板的尺寸等。

1.1.2　固　件

Gadgeteer内核固件集成了大量通用的硬件接口功能，包括数字输入/输出、串行连接、硬件通信协议（如I^{2}C和SPI）。这些硬件接口采用微软 .NET Micro Framework运行时连接物理处理器硬件。模块固件驱动在底层驱动中采用这些接口，并通过Micro Framework系统连接到硬件主板。

模块封装了Gadgeteer，用以连接硬件接口的驱动固件，从而出现了简单的高级应用程序接口（API），使得我们在编写应用程序时可以直接使用该模块的功能，而不用再去考虑底层代码的相关细节（简化了硬件开发过程）。例如，当我们调用温度传感器 CurrentTemperature属性时，返回值为当前温度的整数值，而我们不需要考虑温度传感器工作原理和数据连接方式，只要获得应用程序中所需要的温度就可以了。

1.2　Micro Framework和Gadgeteer简介

Gadgeteer内核在Micro Framework上层，我们可以在Gadgeteer基础上使用微软.NET通过高级语言编写嵌入式应用程序。

Micro Framework是专为能在存储空间有限的32位ARM处理器上运行而编写的.NET Framework精简版。

我们可以采用免费的Visual Studio工具（Express版）和C#语言，以托管代码的形式进行应用开发。Visual Studio为应用程序开发和硬件测试提供了完整的开发环境。Gadgeteer在Visual Studio基础上加入了图形设计功能，我们可以将工具栏中表示主板和模块的图形拖拽到设计器中，然后连接模块与主板，并自动生成项目的应用代码。

Micro Framework提供的是公共语言运行库（Common Language Runtime，CLR）执行阶段环境，是专为32位ARM微处理器编写的。但它并不是桌面CLR编程环境（像Windows CE .NET Framework精简版）的缩小版，而是为存储空间和资源相当有限的嵌入式处理器重新编写的.NET Framework的一个子集。它用C和C++源代码编写并加以优化，以减少指令集计算（精简指令集，RISC）。

目前，Gadgeteer内核运行的是.NET Micro Framework 4.1版本，应用程序开发语言为C#。等Gadgeteer升级到.NET Micro Framework 4.2版本时，它还会增加对Visual Basic.NET编程语言的支持。Micro Framework提供了桌面.NET API的子集。附加的API功能不是关于桌面.NET的，而是针对嵌入式开发环境的，如I^{2}C总线和SPI硬件通信功能。

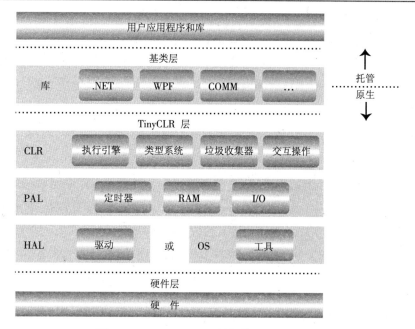

图1.1 Micro Framework的架构

完整的Micro Framework体系架构如图1.1所示。Micro Framework是CLR的缩小版，称为TinyCLR。它位于硬件的上层，实现硬件启动功能。Micro Framework建立了一个介于硬件和应用程序之间的缓冲平台，在不同的硬件间提供了通用的编程接口。

Micro Framework包括三个主要层：硬件层、TinyCLR层和基类层。

1.2.1 TinyCLR简介

TinyCLR的基础是物理硬件的抽象化模型。HAL（Hardware Abstraction Layer，硬件抽象层）提供了连接各类物理硬件的通用接口。这就需要为不同的硬件平台进行定制。可以采用底层操作系统来实现这一过程，而不是直接访问硬件。这使得"模拟器"（Emulators）程序在Windows系统下运行成为可能。PAL（Platform Access Layer，平台访问层）使用硬件抽象层接口，一般不需要在平台硬件之间定制。HAL提供各种硬件设备抽象模型，如定时器、内存使用、一般高级I/O功能。CLR管理执行引擎、类型系统、交互操作（Interop）和垃圾收集器（Garbage Collector）。

执行引擎运行IL（Intermediate Language，中间语言）代码，它们由Visual Studio编译生成。CLR层集成了各种Micro Framework要素，如"线程时间片管理"和异常处理等功能。垃圾收集器提供变量内存管理、变量内存地址分配并监视变量的运行。当变量不再由应用程序使用时，垃圾收集器将释放内存，使其能重复使用。

交互操作使得我们可以在Micro Framework基础上进行自定义扩展。可以通过本地代码（C/C++代码）和托管代码（C#）的接口层添加扩展功能。在底层源代码中添加交互操作扩展代码，通过编译器/连接器进行编译调试。这需要我们对系统移植过程有深入的了解。

1.2.2　基类层

基类层是Micro Framework端口的最高层。它将API添加到.NET类库中，如WPF（Windows Presentation Foundation——图形模块）、串行通信端口、网络socket等。

上述基类层是用户的应用程序和库文件，如Gadgeteer。

C#编译器生成与处理器无关的中间语言（IL）代码，TinyCLR可以在设备上执行这些代码。

TinyCLR通过其基类库抽象出硬件接口，并把硬件模块作为对象。从应用程序角度来看，这是以同样的方式访问不同的硬件。不同的硬件平台（如基于Cortex M3处理器和ARM7处理器）具有不同的定制硬件抽象层（HAL）基类。HAL实现的主要任务是参与Micro Framework的硬件平台移植。这项工作通常由Micro Framework硬件制造商来实施。不过，Micro Framework的移植工具包是开源的，可以使用它来创建定制硬件（但这是更高层次的工作任务了）。一些开源的平台可以作为你定制移植系统的基础。

1.3　Gadgeteer架构

Gadgeteer位于Micro Framework和用户应用程序之间，如图1.2所示。Gadgeteer系统在模块和主板之间定义了物理硬件接口，提供了一个软件框架，允许简单地接口和集成。

1.3.1　硬件接口

Gadgeteer关键的硬件元素是主板和模块之间的物理连接器——10针、1.27mm针距的IDC带状电缆。其体积小、稳定性高，是一种极化连接器，电缆无法以错误的方式插入（除非你用小锤子暴力钉入）。

连接器针脚也设计得简单易用。Pin 1和Pin 2是供电（+3V3和+5 V），而Pin 10为地。Pin 3 ~ Pin 9定义为数据引脚。连接器和电缆通过固定极化方式连接，电信号绝不会传输到模块或主板的错误引脚上。如果你将模块以错误的方式插入，最坏情况也只

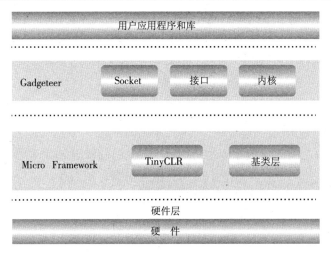

图1.2　Gadgeteer和Micro Framework

是数据引脚匹配了错误的数据，所以不会有灾难性故障发生，不会烧掉你的主板。但这一连接方式并不支持热插拔。

在连接和断开模块与主板时一定要断电。

　　主板上连接器的方向也是定义好的。连接器定位在主板的极化槽中，使得其连接主板与模块时不会出现插反和错位的情况。此外，所有Gadgeteer板的四角都建议做成圆角。安装孔的间距应该是在5mm网格中，安装孔到电路板边缘的距离为3.5mm。

　　Gadgeteer Framework定义了一些硬件功能，即Gadgeteer接口。以下列出的是Gadgeteer支持的硬件接口：

- 通用输入/输出（GPIO），带中断功能或不带中断功能
- 串行通用异步接收器/发送器（UART），带握手功能或不带握手功能
- I^2C总线
- SPI总线
- 模拟输入
- 模拟输出
- USB 主机
- USB 设备
- 控制器区域网络（CAN）总线

- 图形显示
- 触摸屏
- 脉宽调制（PWM）
- 以太网
- SD卡
- 制造商特有的接口

连接模块与主板之间的连接器称为Socket。主板上的物理Socket可以支持一个或多个接口。Gadgeteer在Socket上为每个接口功能定义引脚，从而使一个Socket支持多种功能。例如，Socket可以定义为支持串行UART和GPIO，可以在某一应用中作为串口连接，也可以在另一应用中作为GPIO。

为了表达清晰明确，每个接口功能都用一个字母来表示。例如，"I"表示I^{2}C，"S"则表示SPI。所有物理Socket的标识都是通用的。模块的Socket标识和主板对应的同一类Socket标识是相同的，例如，模块Socket的SPI接口标识成"S"，那么主板对应Socket的接口也标识成"S"。

模块制造商提供的外部设备/传感器需要特有的Socket类型。一个模块可能需要多种Socket，例如，带触控功能的图形显示器需要4个Socket：红色、绿色和蓝色的显示Socket及触控Socket。

1.3.2 固件接口

Gadgeteer内核定义了主板的基类和模块的基类。每个Gadgeteer支持的硬件功能都作为类库中的类来实现。一个模块固件使用Socket的一个或多个硬件接口，而在某些情况下会采用多个Socket。

主板制造商设计包含很多物理Socket的主板，每个Socket可支持一个或多个功能。主板固件实现的硬件功能模型从Gadgeteer Mainboard类中继承。主板固件将定义所有使用的Socket，连接每个物理硬件引脚并定义所支持的Socket功能。然后，将这些Socket添加到Gadgeteer内核Socket集中，为主板创建物理连接模型和可用的功能。应注意的是，主板并不一定支持所有的Gadgeteer接口功能，只是某些特定的主板才具备这一功能。

模块制造商提供的外设/传感器需要特定的硬件Socket类型。固件模块的实现，从Gadgeteer Module类继承而来。

模块制造商将底层驱动写入Gadgeteer相关的接口类中，如GPIO按钮输入。通过Gadgeteer接口，该模块还实现了底层驱动代码的硬件功能。

模块（外设）包含硬件接口所需的软件模型，主板（处理器）包含物理硬件功能和物理连接的软件模块。

1.4 创建Gadgeteer应用程序

剩下的部分就是Gadgeteer应用程序。Gadgeteer内核创建所需Module类的实例和Mainboard类的实例，并将模块和主板连接，启动Micro Framework应用程序。

所有的后台设置和底层代码已经为用户配置完成了，用户所要做的就是通过这些模块编写应用程序功能。

1.4.1 串行摄像头模块

现在，我们将研究一个实际的例子，一个使用串行摄像头模块的Gadgeteer应用程序。该模块是一个摄像头，可以拍照并返回JPEG文件。该摄像头模块通过串行协议来控制和配置。JPEG图片从通过串行接口从摄像头下载到主板。

串行摄像头制造商创建固件驱动来操作底层串口协议，配置摄像头，发送命令到摄像头，下载JPEG图片文件。Gadgeteer串行接口类就是用来实现这一点的。它为应用程序用户提供高级API，其中包含简单的函数，如TakePicture。图片处理过程在后台线程中执行，不影响主应用程序的执行。图片拍摄完毕，触发PictureReady，传回JPEG图片。此过程的所有细节对用户来说都是隐藏的。

用户只需使用带状电缆将串行摄像头模块连接到主板所对应的Socket。这将建立模块与主板之间的串行数据传输，并给模块供电。然后，将模块固件库添加到项目中，主板固件定义一个串行接口支持该特定的Socket。Gadgeteer Framework在Gadgeteer用户应用程序中连接模块驱动程序和主板上的Socket。主板固件使用Gadgeteer内核的接口操作串行Socket，模块固件将传感器功能接口代码写入Gadgeteer内核。

在应用程序中的摄像头对象与物理硬件相连。用户可以简单地添加代码Camera.TakePicture来拍照，并且指定事件处理器接收 Camera.PictureReady事件。该事件处理器将新获取的JPEG图片发送到显示器、写入SD卡，或发送到某个网站。Gadgeteer处理所有连接模块硬件和主板硬件的底层代码，并允许简单的API操作，以便开发者可以将全部精力用在应用程序功能开发上。

出于硬件所有的底层细节都抽象成了模型，用户只能看到高级硬件接口，而不再有硬件依赖性。

任何制造商的主板都支持串行接口的使用，并且与应用程序代码保持一致。所有需要的只是重新编写应用程序，以适应不同的主板。

1.4.2 应用程序设计器

但Gadgeteer并不仅此而已。它不仅提供简化嵌入式处理器连接传感器的框架，还提供了应用程序的配置工具，设置模块的连接，生成模块对象的实例，并且在你编写应用程序时帮你添加部分代码。Visual Studio项目提供了一些"模板"，为应用程序生成"样板"代码，并且使用自定义GUI应用程序设计器从工具箱（Toolbox）中选择主板和模块。

为此，它使用基于GUI应用设计的Visual Studio插件。模板和设计器都安装在Gadgeteer Framework 的Visual Studio安装包（MSI）中。所有的主板和模块都应该在它们的固件安装包中支持这些设计器。当你在Visual Studio创建新的Gadgeteer应用程序时，模板将打开图形设计器。你可以使用拖拽方式将工具箱中的Gadgeteer控件添加到设计器中。每个Gadgeteer主板和模块在GUI中都以图形表示，它们连接的Socket都高亮显示。我们将在第2章详细讨论如何设计和编写一个应用程序。在此抛砖引玉。

使用应用程序设计器的摄像头项目

让我们返回摄像头模块项目，看看设计器是如何工作的。我们将展示设计器的原则和Gadgeteer应用的实际代码。如果你不明白代码的细节，请不要担心，我们将在后续的章节中详细介绍。一般的操作顺序如下。

（1）设计器界面会自动添加默认主板，可能会添加工具箱中的第一类到最后一类之间的主板。如果这不是你想使用的主板，可以从工具箱中拖拽你所需的模块到设计器。

（2）设计器能识别所有主板Socket的属性和与该Socket匹配的模块。如果将鼠标悬停在模块连接器上，设计器将高亮该模块可以与主板连接的连接器（图1.3）。简单的拖拽操作就可以将模块与主板上的连接器连接。它甚至提供了一个自动连接功能，将所有模块连接起来。

（3）在模块与主板建立连接之后，设计器将为此项目自动生成部分连接代码。查看项目代码，你会看到设计器生成的代码和程序类。所有模块和任何所需的动态链接库（DLL）已被添加到项目中。每个模块的实例已经创建，所需的Socket也分配好了。现在需要做的只是在你的应用程序中添加代码来调用该模块的函数。

（4）设计器将生成主程序代码文件。它将被分割成两个文件，一个是由设计器控制的代码，它生成模块的实例，并将它们连接到主板；另一个是你为此应用添加的代

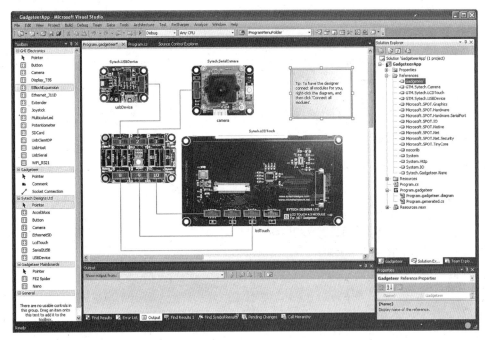

图1.3 图形设计器UI将可以连接的连接器高亮

码。我们将在下面的章节中详细讨论这一过程是如何实现的。

下面是程序生成的代码，文件名为*Program.Generated.cs*。这是由图形设计器创建的应用程序框架代码，通过图形设计器来控制。在自动生成的文件开头有段警告文字，这些不需要修改，设计器将覆盖你所做的任何修改。

```
//------------------------------------------------------------------
// <auto-generated>
// 此代码由Gadgeteer设计器自动生成
// 更改此文件可能引起不正确的行为，且所做修改将被覆盖
// </auto-generated>
//------------------------------------------------------------------

using Gadgeteer;
using GTM = Gadgeteer.Modules;

namespace GadgeteerApp
{
    public partial class Program: Gadgeteer.Program
    {
```

```
    // GTM.Module 定义
    Gadgeteer.Modules.Sytech.SerialCamera camera;
    Gadgeteer.Modules.Sytech.LCDTouch lcdTouch;
    Gadgeteer.Modules.Sytech.USBDevice usbDevice;
    public static void Main()
{

    //最重要的是首先初始化主板
    Mainboard = new Sytech.Gadgeteer.Nano();
    Program program = new Program();
    program.InitializeModules();
    program.ProgramStarted();
    program.Run(); // 开始调用程序
}
    private void InitializeModules()
{

    // 初始化GTM.Modules和事件处理器
    usbDevice = new GTM.Sytech.USBDevice(1);
    camera = new GTM.Sytech.SerialCamera(2);
    lcdTouch = new GTM.Sytech.LCDTouch(10,  9,  8, Socket.Unused);
}
}
}
```

Gadgeteer创建了一个新的Micro Framework应用程序，创建并初始化主板和所需模块的实例。在这个示例中，这些模块包括USB设备、串口摄像头和LCD显示器。创建该模块时，模块的Socket数量将传递给构造函数。我们以粗体文字着重显示该模块实例——这里仅用于说明，实际代码无法做到这一点。

最后，开始执行该程序。

现在，我们可以在*Program.cs*文件内的ProgramStarted()方法中添加应用程序代码。 *Program.cs*文件是设计器在主应用程序类中无法控制的部分，你可以在此处添加应用程序代码。我们所采用的.NET编程特性称为"局部"类。这允许一个类在不同文件中的不同地方实现。编译器将把不同的文件结合到一起，并把它们运行在同一个进程中。下面的代码示例是在*Program.cs*文件中的简单应用，这是我们所能添加应用代码的位置。

在这个简单的示例中，我们使用一个Gadgeteer定时器设定摄像头每隔20s拍摄一张图片。当图片就绪后，通过LCD显示器显示。

　　模块已经通过设计器创建，我们只需添加一些代码，以实现该模块的应用。

　　（1）首先启用摄像头，然后为CameraPictureReady事件绑定事件处理器。事件处理器会把JPEG图片文件传输到LCD显示器上。

　　（2）在显示器上，使用Gadgeteer SimpleGraphics函数完成所有我们想实现的功能。SimpleGraphics是Gadgeteer的图形库，并不依赖更复杂的.NET WPF库。我们使用这一功能在LCD显示器上绘制图像。因此，它称为简单的DisplayImage，可以传送图像到我们想要显示的位置。

　　（3）接下来，创建定时器，并设置时间间隔为20s。

　　（4）然后，创建定时器Tick处理器，调用Camera.TakePicture方法来启用图像捕获功能。

　　Gadgeteer框架和模块固件都已经将底层的细节处理完成，我们可以专注于应用程序功能——每20s拍摄一张图片并将其显示在显示屏上。我们需要添加的是下面的示例代码。正如你看到一样，这些新增的功能在高层框架中，我们不需要考虑模块底层细节是如何实现的。

```
using Gadgeteer;
using Microsoft.SPOT;
using GT = Gadgeteer;
using GTM = Gadgeteer.Modules;
using Gadgeteer.Modules.Sytech;

namespace GadgeteerApp
{
    public partial class Program
    {
        //图片定时器
        private Gadgeteer.Timer timer;
        void ProgramStarted()
        {
            // 设置摄像头
            camera.EnableCamera();
            // 绑定PictureReady 事件处理器
            camera.CameraPictureReady += camera_CameraPictureReady;
            // 使用Gadgeteer 定时器每20s拍摄一张图片
            timer = new Timer(20000);
```

```
        // 创建Tick处理器
        timer.Tick += timer_Tick;
        // 启动计时器
        timer.Start();
        // 执行一次任务
        Debug.Print("Program Started");
    }
    /// <summary>
    /// CameraPictureReady事件处理器
    /// 在显示器上显示图像
    /// </summary>
    /// <param name="sender"></param>
    /// <param name="jpegImage"></param>
    void camera_CameraPictureReady(serialCamera sender,
                                   Bitmap jpegImage)
    {
        // 使用SimpleGraphics事件显示图像，从上5px，左5px开始
        lcdTouch.SimpleGraphics.DisplayImage(jpegImage, 5, 5);
    }
    /// <summary>
    /// 定时器Tick处理器
    /// 每20s拍摄一张照片
    /// </summary>
    /// <param name="timer"></param>
    void timer_Tick(Timer timer)
    {
        camera.TakePicture();
    }
    }
}
```

第**2**章
软件开发环境

编写Gadgeteer应用程序所需的软件开发环境是以Microsoft Visual Studio 2010和一系列软件开发工具包（SDK）为基础的。本书写作时，Gadgeteer硬件支持.NET Micro Framework 4.1版本。支持4.2版本的硬件正在研发中。鉴于许多设备都支持4.1版本，因此本章的安装指南以4.1版本为例。不过，此指南对4.2版本也同样适用。以下是完整的开发环境所需安装的开发工具：

- Microsoft Visual C# 2010 Express （或 Professional）
- Microsoft .NET Micro Framework 4.1 SDK
- Microsoft .NET Gadgeteer Core SDK
- Gadgeteer Mainboard 和Module SDK

首先需要免费的Visual C# 2010 Express或其他高阶版本。.NET Micro Framework SDK为.NET Micro Framework安装了额外的开发工具。Gadgeteer Core SDK扩展了.NET Micro Framework，以利于Gadgeteer开发。这些SDK都能免费下载。你使用的任一主板或模块都会用到Gadgeteer SDK。这些SDK都可以从主板制造商那里获得。此外，许多制造商在Gadgeteer Codeplex库内维护主板及模块的源代码。

2.1　安装Visual C# 2010 Express

Visual C# 2010 Express可以在*www.microsoft.com/visualstudio/en-us/products/2010-editions/visual-csharp-express*下载。

（1）在本地磁盘上保存名为*vcs_web.exe*的安装包。

（2）导航到文件夹，然后双击可执行程序开始安装。

（3）你将会看到图2.1所示提示框："是否继续执行此应用程序"，点击Run按钮开始安装。需要注意的是，此安装必须联网进行，因此请确保计算机联网并且网速较快。

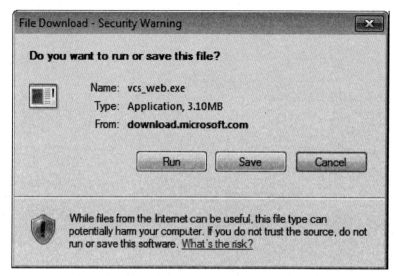

图2.1 *vcs_web.exe*安装提示框

（4）从网站服务中安装Visual C# 2010 Express，在图2.2所示"欢迎安装"提示框内点击Next按钮。

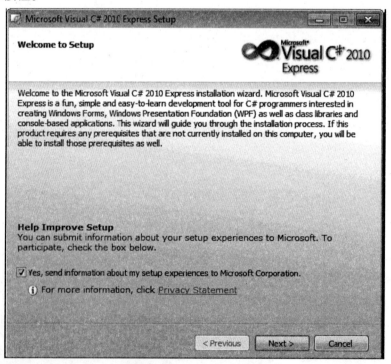

图2.2 "欢迎安装"提示框

（5）图2.3所示窗口显示了下载Visual C# 2010 Express后的安装进程及一些附加组件的安装。

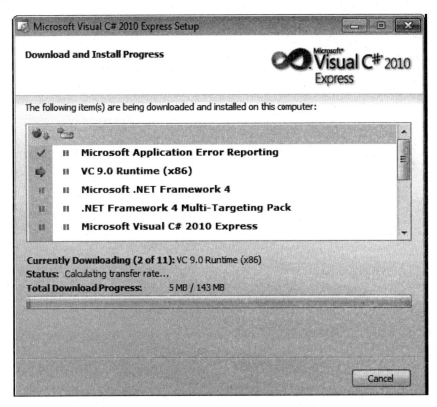

图2.3 安装进程及一些附加组件的安装

（6）在第一批组件安装完成后需要重启计算机。如图2.4所示点击Restart Now按钮，计算机重启后继续执行安装程序。

图2.4 第一批组件安装完成后重启计算机

（7）当安装程序安装完所需组件后，会看到图2.5所示"完成安装"窗口。此安装程序占据的空间很大，安装所花费的时间取决于你的网速。

图2.5 "完成安装"窗口

（8）在"程序"菜单中，你会看到新条目Microsoft Visual Studio 2010 Express，如图2.6所示，右击它然后发送快捷方式到桌面。

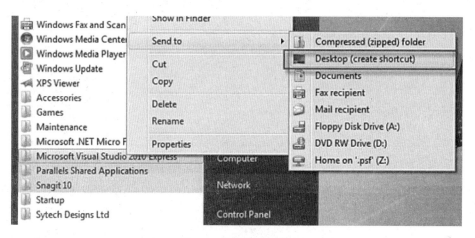

图2.6 创建快捷方式

（9）在"程序"菜单中打开Visual Studio，测试安装效果。此后Visual Studio加载页面出现，如图2.7所示。关闭Visual Studio，继续安装.NET Micro Framework程序包。

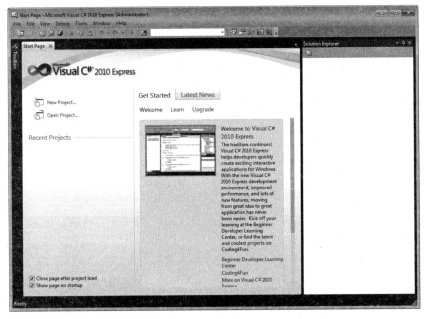

图2.7 Visual Studio启动页面

2.2 安装.NET Micro Framework

（1）从图2.8所示*www.microsoft.com/download/en/details.aspx?id=8515*网址下载
Micro Framework 4.1 QFE1 SDK。

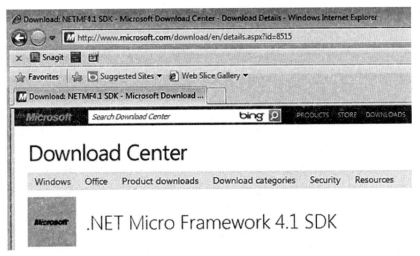

图2.8 Micro Framework 4.1 QFE1 SDK下载页面

（2）SDK是一个大约18MB的压缩文件包，它会自动保存到计算机的文件夹内，如图2.9所示。

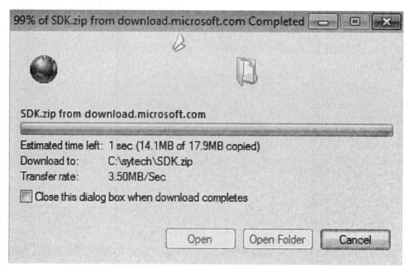

图2.9　将SDK保存到计算机

（3）解压已经下载好的SDK文件，导航到解压文件夹内，然后双击*MicroFramework-SDK.msi*文件开启安装程序，在图2.10所示提示框内点击Run按钮。

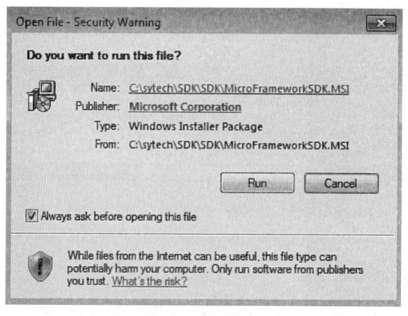

图2.10　SDK安装提示

（4）安装程序的第一个窗口如图2.11所示，确保窗口中显示的是QFE1版本后点击Next按钮。

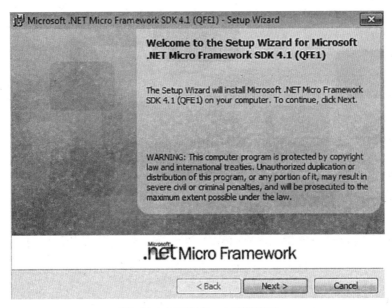

图2.11　SDK的第一个安装窗口

（5）安装程序会提取所需组件并显示安装进度，如图2.12所示。

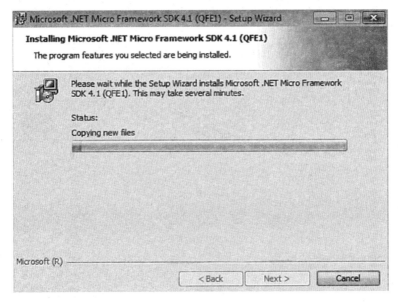

图2.12　提取组件并显示安装进度

（6）最后安装部分会在大约1min内寄存所有的组件。安装完成后你会看到图2.13所示对话框，告知你安装向导已经完成。点击Finish按钮。

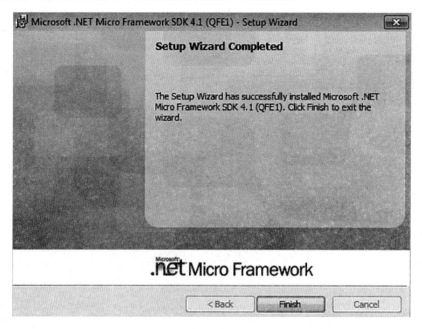

图2.13 安装完成

（7）启动Visual C# 2010 Express，选择File→New Project，如图2.14所示。

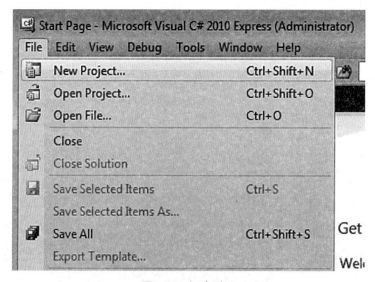

图2.14 新建项目

（8）在安装模板下，你会看到Visual C#，点击它会看到名为Micro Framework的新分类。选择新分类后会看到.NET Micro Framework项目下的新项目模板，如图2.15所示。

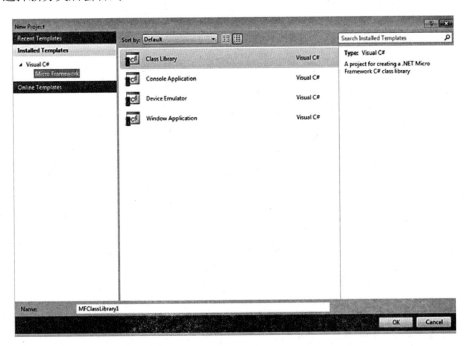

图2.15 .NET Micro Framework项目下的新项目模板

现在，Micro Framework SDK已经安装在Visual C# 2010 Express内了，请关闭Visual C# 2010 Express。

2.3 安装Gadgeteer Core SDK

从Gadgeteer Codeplex 网站*http://gadgeteer.codeplex.com/releases*下载Gadgeteer Core SDK的最新版本，然后开始安装。

（1）如图2.16所示，选择.NET Gadgeteer Core下载后保存在计算机的文件夹内。注意：下载版本也可能比图示版本还要高，如果条件允许请使用最新版本。

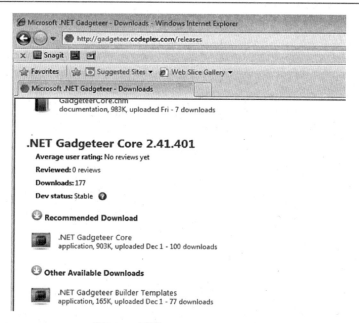

图2.16   下载.NET Gadgeteer Core

（2）导航到下载文件夹并双击*msi*文件下载SDK。在安全提示框内点击Run按钮开始安装，启动窗口将会显示安装页面。然后如图2.17所示，点击Next按钮。

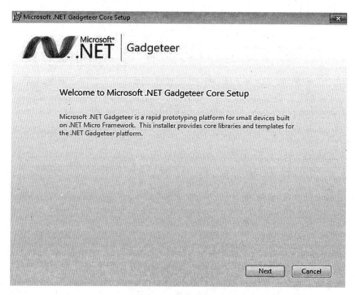

图2.17   安装SDK

（3）SDK安装对话框显示其安装进度。

（4）安装完成后会弹出如图2.18所示窗口，表明Gadgeteer Core SDK已经安装到了Visual C# 2010 Express。

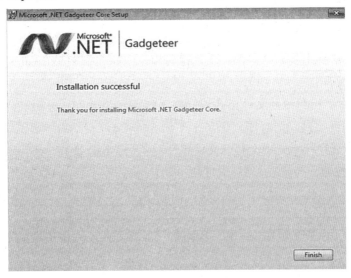

图2.18　SDK安装完成

（5）现在，Gadgeteer Core SDK已经安装到了Visual C# 2010 Express。

（6）打开Visual C# 2010 Express，然后从主菜单内选择New Project。

（7）在已安装模板窗口内，除了Micro Framework你还会看到一个新的Gadgeteer分类，选择Gadgeteer分类会在右边显示.NET Gadgeteer应用程序模板，如图2.19所示。

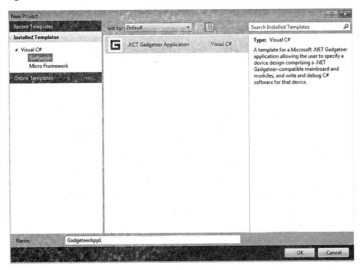

图2.19　Gadgeteer应用程序模板

2.4 Gadgeteer文档

安装最新版本的Gadgeteer文档是个好主意。Gadgeteer文档最新版本可以在HTML帮助文件或*chm*文件内找到。这两个文件都可以从Codeplex Gadgeteer 网站下载页面找到，如图2.20所示。

下载任一你喜欢的帮助文件格式或同时下载两种格式到计算机文件夹内。如果你下载了HTML帮助文件，请解压。如果你下载了*chm*文件，则需要解锁后才能使用。右击*chm*文件名并选择Properties，打开文件属性对话框（图2.21）。在General选项卡右下方点击Unblock按钮，*chm*文件就可以使用了。

其他文件，如.NET Gadgeteer生成器模板及主板和模块生成器手册可以从Codeplex Gadgeteer网站下载。

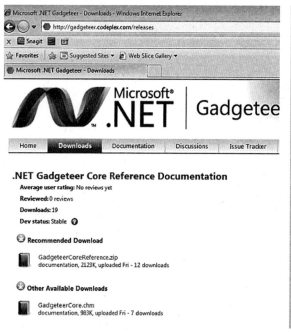

图2.20　Gadgeteer文档下载

图2.21　解锁*chm*文件

Gadgeteer主板和模块项目模板

*msi*程序包将会为Gadgeteer硬件项目安装额外的项目模板，而.NET Gadgeteer生成器模板包含在*msi*程序包内。你可以使用这些程序包创建自定义的主板和模块，创建主板和模块的程序在第12章具体说明。

主板和模块手册说明了Gadgeteer兼容板的硬件和固件使用规则。

2.5 安装Gadgeteer Mainboard和Modules SDK

开发环境的最后部分是Gadgeteer主板和一些模块。主板和模块制造商会为他们的产品提供安装包。这些安装包都可以单独安装到*msi*文件夹内，因为每种产品或完整的"Kit"安装包都包括一些主板或模块程序包。

在这里，我们将会安装Sytech Designs Gadgeteer Development Kit安装包，并显示安装过程。我们以此为例，是因为它正好要安装主板和模块固件。其他安装包（如GHI）将会尝试安装除模块外的其他SDK，这一过程容易混淆。此过程会为设计环境添加主板和一些模块。你可以从*www.gadgeteerguy.com/downloads*下载此安装包。

下载安装包到计算机文件夹内，导航到文件夹并双击*msi*程序包。这会为你的Gadgeteer设计环境安装主板和模块固件。

Gadgeteer开发环境指南

让我们快速浏览Gadgeteer开发工具，同时创建一个简单的项目，该项目包括一个按钮：按下按钮时，LED闪烁，每次按下按钮后记录调试日志。这会让你在应用Visual Studio工具时感受到Gadgeteer设计环境的简便及功能的强大。除了Visual Studio Express版本外，一些窗口中应用的是Visual Studio Ultimate版本，但所有的功能都和Express版本相同。

1. 创建新项目

（1）开启Visual Studio 2010 Express并选择New Project，如图2.22所示。

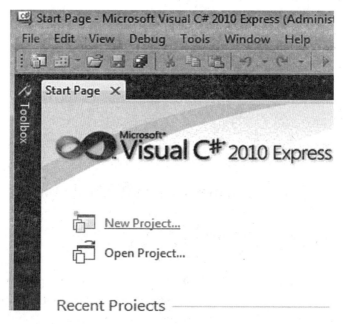

图2.22 启动Visual Studio

（2）在New Project窗口的中间选择.NET Gadgeteer Application（图2.23）。在命名区域，将默认的GadgeteerApp1项目名改为GadgeteerButton。这将会替代模板默认模块项目名GadgeteerApp1。

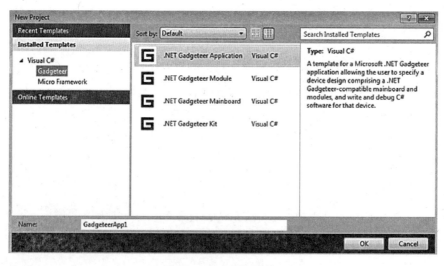

图2.23 为新项目命名

新项目生成，Gadgeteer 设计器画布打开。你将会在设计器画布内找到默认主板，如图2.24所示。

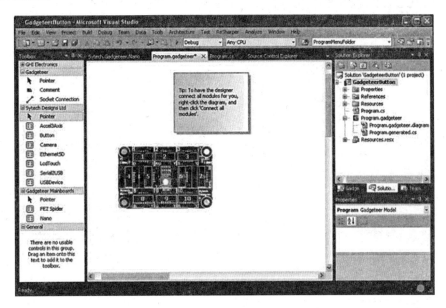

图2.24　新项目的设计器画布

2. 在画布上建立连接

Gadgeteer设计器是一个可视化界面，你能够把主板和模块从工具箱拖拽到画布内。工具箱内加载了所有已经安装的主板和模块（如果看不到工具箱，请选择View→Toolbox）。

把模块拖拽到画布后点击连接器Socket，然后绘制模块Socket与主板Socket之间的连接。点击模块上的任一Socket，主板上支持模块的所有可用Socket将会高亮，反之亦然。

如图2.5所示，拖动下面的模块到设计器画布内：

- USBDevice
- Button

此时，设计器可以为你连接所有模块。右击画布并选择Connect All Modules后，设计器将会为所有模块添加连接，如图2.26所示。

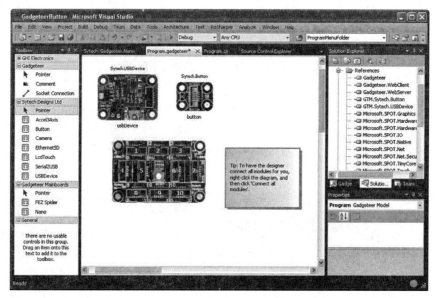

图2.25 设计器画布上的主板和模块

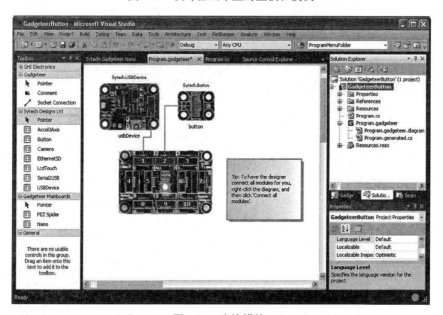

图2.26 连接模块

若想手动连接模块到主板，点击模块Socket，主板上支持模块的可用Socket高亮。一直按着鼠标，把连接拖动到你想要的Socket。虚线将会显示连接，如图2.27所示。

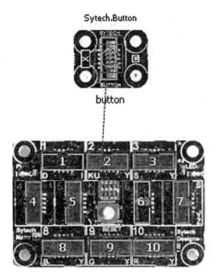

图2.27 连接Socket

3. 获取帮助

Gadgeteer 设计器也添加了帮助工具。在设计器画布上左击，选择模块或主板，然后按F1键，就会显示相应的XML帮助文档，如图2.28所示。

4. 生成代码

我们已经用设计器为新项目选择了主板和模块，并把它们连接在了一起。此时，设计器会可以在新项目中生成代码桩函数（Stub），创建主板和模块实例并实例化连接。新应用程序的创建及添加主板和模块的代码的生成，为添加自定义应用程序创造了条件。

Solution Explorer窗口显示了新项目。设计器已经添加了主要的*Program.cs*文件、设计器画布文件，还有为*Program.cs*文件设定的局部类。局部类使得类代码可以分离到不同的文件，在逻辑部分分离执行；编译时，可以把各分离文件看作一个文档。图2.29所示的*Program.generated.cs*文件已经通过编译器自动生成。

不要对生成的 *Program.generated.cs* 文件做任何改动，因为设计器需要在这个文件内重写代码，而无法改动任一添加到 *Program.cs* 文件的代码。

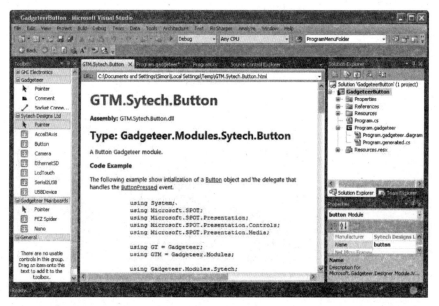

图2.28 帮助文档

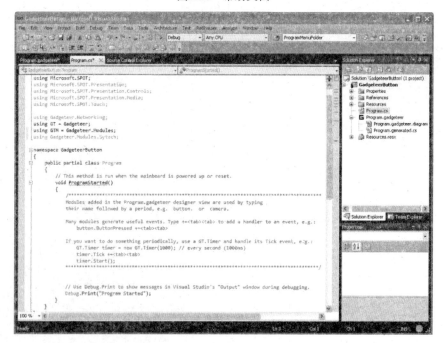

图2.29 自动生成程序文件

打开生成的程序文件*Program.generated.cs*，你会看到设计器添加的源代码，它已经为我们的主板和模块创建了实例。

```
Public partial class Program : Gadgeteer.Program
{
    //GTM.Module定义
    Gadgeteer.Modules.Sytech.Button button;
    Gadgeteer.Modules.Sytech.USBDevice usbDevice;
    Public static void Main()
    {
        //首先初始化主板很重要
        Mainboard = new Sytech.Gadgeteer.Nano();
        Program program = new Program();
        program.InitializeModules();
        program.ProgramStarted();
        program.Run();
    }
    Private void InitializeModules()
    {
        //初始化 GTM.Modules 和事件处理器
        usbDevice = new GTM.Sytech.USBDevice(1);
        button = new GTM.Sytech.Button(2);
    }
}
```

应用程序的引用代码已经由Gadgeteer设计器生成，模块实例也已经创建并连接到我们的主板。

（1）Program类从Gadgeteer内核提供的Gadgeteer.Program类继承。这意味着它继承并且扩展了Gadgeteer.Program类。

（2）把Button模块定义为变量button，把USBDevice模块定义为变量usbDevice。

（3）在Main函数中创建主板实例，创建新的Program类并调用InitializeModules。

（4）InitializeModules将会创建两个模块的实例，通过它们使用的主板连接器编号分配这些新实例给两个模块变量（button和usbDevice）。

（5）在*Program.cs*文件中调用ProgramStarted，初始化自定义设备应用程序。

（6）调用Program.Run继续往下执行程序。

Button模块的固件库将会为我们生成所有底层接口代码。它会在处理器上定义一个GPIO针脚作为中断输入，并连接到模块的物理开关。同样，也可以连接LED GPIO 针脚到Button模块，只不过该GPIO 针脚必须定义为输出。Gadgeteer内核知道Button模块连接了哪个Socket，Button模块代码也会提示Gadgeteer内核Button模块和LED连接的是Socket上的哪个针脚。

Button模块固件将会暴露开关和LED的高级函数到用户应用程序。在开关按下时，我们的应用程序使用Button.Pressed事件和模块的LED函数把LED调成自动开启模式。模块固件呈现的其他函数也与是否按下按钮和切换LED（开启或关闭）有关。LED可以直接开启或关闭，你可以看到它的当前状态。LED也可以与开关串联。因此，实际上我们不需要关心如何设置LED的电平高低，我们只要开闭LED就好。

想要查看模块支持的所有功能，在设计器内选择模块后按 F1，就会显示模块 API 帮助文档。

由于所有底层连接都是由Gadgeteer内核控制的，因此应用程序内只暴露模块功能。你可以在设计器内改变连接，把模块从Socket 3移到Socket 4，然后Gadgeteer内核将会改变模块初始化状态。所以，即使你现在因为Socket的改变而使用完全不同的GPIO 针脚，应用程序代码也丝毫不会受到影响，重建后代码会像原来一样工作。

5. 实现应用程序代码

我们现在用添加模块的方式，自动添加相关应用程序代码，以此展示Visual Studio 2010的一些开发特性。

在我们浅显易懂的示例中，设置Button模块应对按钮按下事件，并设置按钮按下时的LED模式为开启。我们在*Program.cs*文件添加按钮按下事件处理器，编写字符串"button pressed"至调试输出（Visual Studio）。

Gadgeteer生成代码把控制权交给应用程序，此时，应用程序已经创建，主板和模块也在ProgramStarted()方法中创建、连接和初始化。

我们需要在按钮按下事件中添加处理代码，在每次按压按钮时执行。我们在其中添加所需要的响应代码。

在ProgramStarted方法开端，输入button（Button模块实例名）和"."，则弹出Visual Studio IntelliSense下拉框，框内选项显示button类的属性和函数（图2.30）。选择ButtonPressed——前面有闪烁符号，表明这是一个事件）。

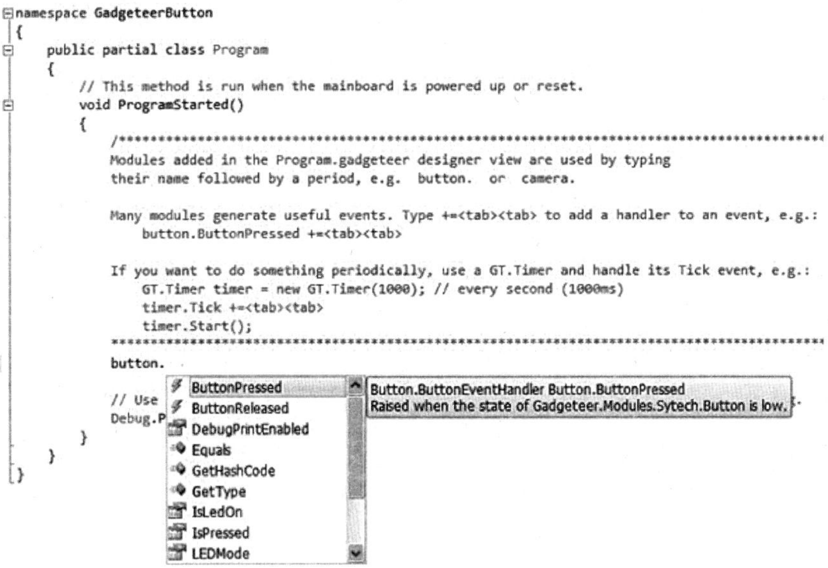

```
namespace GadgeteerButton
{
    public partial class Program
    {
        // This method is run when the mainboard is powered up or reset.
        void ProgramStarted()
        {
            /*******************************************************************
            Modules added in the Program.gadgeteer designer view are used by typing
            their name followed by a period, e.g. button.  or camera.

            Many modules generate useful events. Type +=<tab><tab> to add a handler to an event, e.g.:
                button.ButtonPressed +=<tab><tab>

            If you want to do something periodically, use a GT.Timer and handle its Tick event, e.g.:
                GT.Timer timer = new GT.Timer(1000); // every second (1000ms)
                timer.Tick +=<tab><tab>
                timer.Start();
            *******************************************************************/

            button.
```

⚡ ButtonPressed	▲	Button.ButtonEventHandler Button.ButtonPressed
⚡ ButtonReleased		Raised when the state of Gadgeteer.Modules.Sytech.Button is low.
🔧 DebugPrintEnabled		
● Equals		
● GetHashCode		
● GetType		
🔧 IsLedOn		
🔧 IsPressed		
🔧 LEDMode	▼	

图2.30 Button IntelliSense选项

按一下加号和等号（+=），使加号左边的函数值加上加号右边的函数值，并用得到的和取代原来的值。IntelliSense框会显示可供添加的项目——这里是事件处理器方法——并给事件处理器提供一个建议命名。如图2.31所示，按下Tab键接受建议。

```
*******************************************************************/
button.ButtonPressed +=
                         new Button.ButtonEventHandler(button_ButtonPressed);   (Press TAB to insert)
// Use Debug.Print to s
Debug.Print("Program Started");
```

图2.31 接受事件处理器建议命名

此时，IntelliSense还不会直接创建相关事件处理器，需要再按一下Tab键，IntelliSense才会自动创建一个新方法并添加到文件，如图2.32所示。

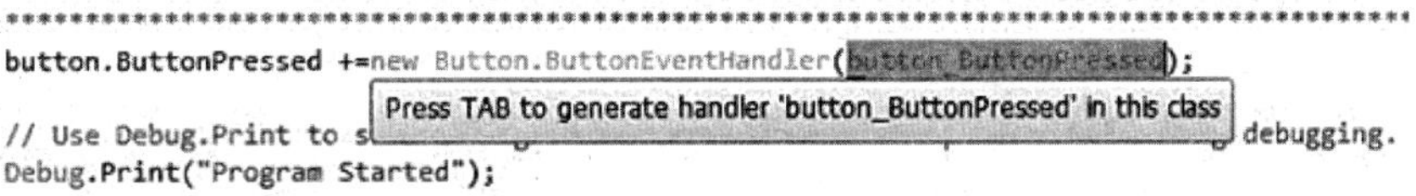

```
*******************************************************************
button.ButtonPressed +=new Button.ButtonEventHandler(button_ButtonPressed);
                        Press TAB to generate handler 'button_ButtonPressed' in this class
// Use Debug.Print to s                                                          debugging.
Debug.Print("Program Started");
```

图2.32 再按Tab键创建新方法

IntelliSense自动创建的事件处理器中，默认抛出NotImplemented异常代码。如果应用程序尝试调用该事件处理器，则会出现.NET异常，告知你在方法里没有处理代码。如果没有.NET异常显示而是一片空白，你就不会知道发生了什么事。

现在让我们在事件处理器里加 "Button has been pressed" 这样简单的调试字符串，在Visual Studio 输出窗口显示。

```
Void button_ButtonPressed(Button sender, Button.Buttonstate state)
{
    Debug.Print("Button has been pressed");
}
```

现在，我们设置按钮按下时LED的模式为开启。回到ProgramStarted方法，在按钮事件处理器代码的下一行添加button.。IntelliSense会弹出所有button类下的选项。选择LEDMode，然后输入等号，IntelliSense又一次弹出LEDModes所有设置选项。如图2.33所示，我们选择Button.LEDModes。

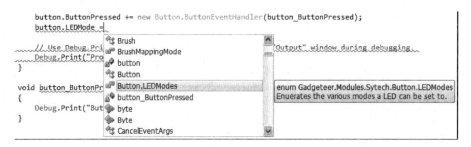

图2.33　设置LED模式（1）

输入 "." 符号，IntelliSense再次弹出，显示LEDMode的不同状态：开启或关闭，还有一些动态模式选择，以便在按下按钮或松开按钮时切换LED模式。如图2.34所示，选择OnWhilePressed模式。

图2.34　设置LED模式（2）

我们现在已经添加了代码，代码会在按下按钮时做出响应，并且设置了LED的行为。下面是完整代码。

```
public partial class Program
    {
        // 此方法在主板开启或重置的时候执行
        void ProgramStarted()
        {
            /**************************************************
            在Program.gadgeteer设计器视图中，当你键入模块名称以及.符号后，对应
            的事件会自动添加，如button.或camera.。当你为某一事件增加处理器时，
            键入+=<tab><tab>，许多模块会自动显示很有用的事件。
            例如：button.ButtonPressed+=<tab><tab>
            ***************************************************/
            button.ButtonPressed += new
Button.ButtonEventHandler(button_ButtonPressed);
            button.LEDMode = Button.LEDModes.OnWhilePressed;
            // 在调试时，使用Debug.Print事件在Visual Studio输出窗口显示信息
            Debug.Print("Program Started");
        }
        void button_ButtonPressed(Button sender, Button.ButtonState
        state)
        {
        Debug.Print("Button has been Pressed");
        }
    }
```

我们现在编译该完整项目。

如果已经有了实体硬件，你就可以开始调试了。在Solution Explorer中，如图右击项目名称选择Build，如图2.35所示。

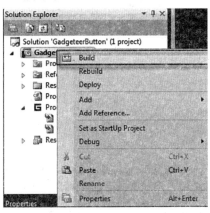

图2.35   编译完整项目

Visual Studio编译完整的项目，并将结果显示在Output窗口中，如图2.36所示。编译过程中出现的问题会显示在Errors窗口中。

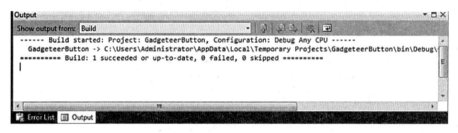

图2.36　编译结果

6. 在Visual Studio Express 中保存项目

Visual Studio Express版本保存新项目的方式和Visual Studio 官方版本略有不同。在官方版本中，创建新项目时你就需要设置保存路径，但是在Express版本中不提供该选项，你必须进入主窗口菜单选择Project → Save As或者关闭Visual Studio，才会有询问你是否想保留此项目的对话框。

2.6　小　结

以上是开发环境的大体介绍，你已经看到了如何简单创建新的Gadgeteer应用程序项目，也学会了怎样添加主板或模块，以及怎样在图形设计器内找到模块或主板在线帮助。

最后，你学习了Visual Studio IntelliSense的一些特征，指导你完成代码设置的同时也帮助你了解组件的特性。我们强调使用非常简单的Gadgeteer应用程序的原则，还在按下按钮时使用了事件驱动处理器，最后编译了新应用程序。

第3章

Gadgeteer Socket、主板和模块

　　Socket、主板和模块是Gadgeteer应用开发中的主要物理要素，都对应一个软件对象类（隐藏硬件的物理实现细节，仅公开相关接口），这样就让所有的模块可以方便接入任何一个有兼容Socket的硬件主板，实现硬件无关性。

　　物理Socket对应的软件对象类Socket是 Gadgeteer的核心，有了它就能够达成所有的"魔法"。Socket类是物理主板Socket的一种硬件抽象。它和硬件Socket上的针脚保有映射关系，并对外公开硬件接口函数，Gadgeteer内核代码实现了与针脚相关的硬件操作。

　　例如，主板必须在物理上支持模拟输入，方能使用带有模拟输入的模块。系统为模拟输入提供了上层API通用接口。虽然不同的主板采用不同的物理硬件方式实现了模拟输入功能，但是它们都提供同样的上层API通用接口。对于应用程序而言，来自处理器A的接口将等同于来自处理器B的接口，它们没什么区别。

　　主板上的每个Socket都进行了定义，并在 Gadgeteer内核中实现对应的软件对象类。模块会使用一个或多个这样的Socket连接到主板，假设我们使用的模块是一个电子罗盘，其中的罗盘芯片就是通过I²C和主板连接的。

　　I²C 是标准的工业两线串行协议，附带一个时钟信号和一个串行数据信号。这是 20 世纪 80 年代早期由 Philips（现在的 NXP）开发的。许多传感器芯片都使用 I²C 作为其通信／控制通道。

　　模块连接到主板需要通过I²C总线，因此需要在模块上配备I²C Socket（类型I）。模块的供电由主板通过Socket提供。

　　模块和主板的I²C通信由Gadgeteer内核实现，上层接口都一样，所以无论使用什么样的主板都可以（需支持I²C功能）。

　　模块和主板之间采用"通用"连接。模块设计提供了模块驱动代码（C#），提供了上层应用接口——电子罗盘示例中作为函数，如ReadCompassHeading（可以返

回指定结果）。模块设计使用I²C库函数，用控制代码操作罗盘芯片所需的寄存器。

记住：该模块固件没有使用基于特定主板的硬件函数或API接口，仅使用Gadgeteer 和Micro Framework 函数。这种机制消除了对物理硬件的依赖性，能使模块正常工作在任何Gadgeteer兼容且支持I²C的主板上。

 以下提到的"Socket"指 Gadgeteer Socket 类，而非.NET 网络 Socket 类，除非另外说明。

3.1 Gadgeteer Socket

通常情况下，应用程序不会直接访问Socket；相反，Socket是主板和模块库的命名空间，应用程序调用模块库提供的API函数。

在Gadgeteer中的所有Socket在物理功能上都是一样的：一个10针的排针组。其中的3针定义为电源和公共地，分别为+5V、+3V3及GND，剩余的7针为数据针脚。

Socket的数据针脚对其支持的物理功能进行了组合，一个Socket能够同时支持多个功能。每个功能通过一个字母来进行识别。图3.1中的表格显示了当前定义的Socket功能及其针脚用途。

主板将所有的Socket配置为一个或多个类型。在主板上的所有Socket及其支持的功能集合（数组）由Gadgeteer内核维护。主板将配置每个Socket的针脚并将其映射至物理硬件，以获得针对每个Socket的功能。

Socket类是Gadgeteer 内核的重点，但是通常情况下并不会被应用程序直接使用。Socket类在主板固件和模块固件中被定义，但是一般只对了解Gadgeteer 如何工作有用，其实Gadgeteer应用程序并不需要。让我们简要了解Socket类的主要方法和属性，如图3.2所示。

每个Socket通过name和SocketNumber属性进行识别。SocketNumber返回一个整数值——主板上的实际Socket编号，通常情况以1开始并按顺序依次增大。编号标识在主板物理Socket外围的方框中。name是Socket的字符串名，用在Socket函数出现的错误信息中。通常情况下，字符串名显示为字符串的Socket编号。

Socket支持的 Gadgeteer 功能列表可以使用 SupportedTypes属性进行访问。你可以读取或写入字符数组，每个字符以字母表示 Gadgeteer Socket类型。例如，"S"表示支持SPI。你也可以在Socket.SupportsType方法中输入一个类型字符，通过

TYPE	LETTER	PIN 1	PIN 2	PIN 3	PIN 4	PIN 5	PIN 6	PIN 7	PIN 8	PIN 9	PIN 10
3 GPIO	X	+3V3	+5V	GPIO!	GPIO	GPIO	[UN]	[UN]	[UN]	[UN]	GND
7 GPIO	Y	+3V3	+5V	GPIO!	GPIO	GPIO	GPIO	GPIO	GPIO	GPIO	GND
Analog In	A	+3V3	+5V	AIN (G!)	AIN (G)	AIN	GPIO	[UN]	[UN]	[UN]	GND
CAN	C	+3V3	+5V	GPIO!	TD(G)	RD(G)	GPIO	[UN]	[UN]	[UN]	GND
USB Device	D	+3V3	+5V	GPIO!	D-	D+	GPIO	GPIO	[UN]	[UN]	GND
Ethernet	E	+3V3	+5V	[UN]	LED1 (OPT)	LED2 (OPT)	TX D-	TX D+	RX D-	RX D+	GND
SD Card	F	+3V3	+5V	GPIO!	DAT0	DAT1	CMD	DAT2	DAT3	CLK	GND
USB Host	H	+3V3	+5V	GPIO!	D-	D+	[UN]	[UN]	[UN]	[UN]	GND
I2C	I	+3V3	+5V	GPIO!	[UN]	[UN]	GPIO	[UN]	SDA	SDL	GND
UART + Handshaking	K	+3V3	+5V	GPIO!	TX (G)	RX (G)	RTS	CTS	[UN]	[UN]	GND
Analog Out	O	+3V3	+5V	GPIO!	GPIO	AOUT	[UN]	[UN]	[UN]	[UN]	GND
PWM	P	+3V3	+5V	GPIO!	[UN]	[UN]	GPIO	PWM (G)	PWM (G)	PWM	GND
SPI	S	+3V3	+5V	GPIO!	GPIO	GPIO	CS	MOSI	MISO	SCLK	GND
Touch	T	+3V3	+5V	[UN]	YU	XL	YD	XR	[UN]	[UN]	GND
UART	U	+3V3	+5V	GPIO!	TX(G)	RX(G)	GPIO	[UN]	[UN]	[UN]	GND
LCD 1	R	+3V3	+5V	LCD R0	LCD R1	LCD R2	LCD R3	LCD R4	LCD HSYNC	LCD HSYNC	GND
LCD 2	G	+3V3	+5V	LCD G0	LCD G1	LCD G2	LCD G3	LCD G4	LCD G5	BACK LIGHT	GND
LCD 3	B	+3V3	+5V	LCD R0	LCD B1	LCD B2	LCD B3	LCD B4	LCD EN	LCD CLK	GND
Manufacturer Specific	Z	+3V3	+5V	[MS]	[MS]	[MS]	[MS]	[MS]	[MS]	[MS]	GND
DaisyLink DownStream	-	+3V3	+5V	GPIO!	GPIO	GPIO	[MS]	[MS]	[MS]	[MS]	GND

Legend
GPIO   A general purpose digital input/output pin.
(G)   In addition to another functionality, a pin that is also usable as a GPIO.
(OPT) Pin function optionally supported by a mainboard or module.
[UN]   Modules must not connect to this pin if using this socket type.
[MS]   A manufacturer specific pin, defined by the manufacturer.
!   Interrupt capable GPIO pin.

图 3.1 Socket类型

返回的布尔值（"真"或"假"）来判断Socket是否支持该类型。

如果Socket支持串行功能（无握手），则串口设备的端口信息将存储在Socket类实例中。Socket.SerialPortName属性将会返回串行端口的名称。

如果Socket支持SPI功能，则Gadgeteer的SPIModule实例（允许访问SPI函数）可以使用Socket.SPIModule属性返回。

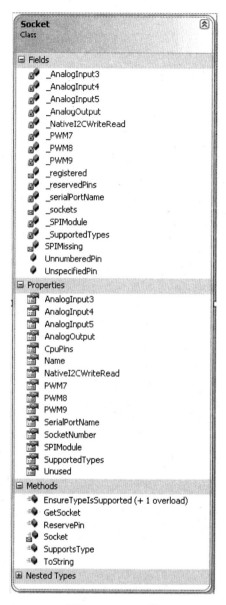

图3.2 Socket类

如果Socket已经配置用于支持模拟输入、模拟输出或PWM，则针对该功能的Gadgeteer接口可以通过相关的AnalogInput、AnalogOutput或PWMx属性返回，其中x代表该功能的针脚编号。模拟输入只能通过Pin 3、Pin 4或Pin 5支持，PWM只能通过Pin 7、Pin 8和Pin 9支持，模拟输出只能通过Pin 2支持。

　　一个Socket针脚可以被多个相同类型的Socket共享。 比如，SPI总线的针脚可以被任何Socket共用（使用同一个SPI总线）。SPI时钟针脚同样也可以被用作GPIO 针脚，如同时支持类型S（SPI）和类型Y（7 GPIO）的Socket。 但是，你不能同时使用这些共享针脚实现不同的功能。

　　如果使用Gadgeteer设计器配置Socket连接，它不会让模块连接到功能有冲突的主板Socket。假设两个Socket使用了同一个SPI端口，且其中一个Socket同时也支持类型Y（7 GPIO），你将两个模块插入这些Socket。如果其中一个模块试图让一个Socket作为Y Socket (7 GPIO)，而另一个模块试图让该Socket作为SPI Socket（S），就会出现冲突。 SPI数据输入、输出和时钟针脚对于两个Socket而言都是共用的，当一个模块将尝试把这些针脚作为SPI针脚，另外的模块尝试把这些针脚作为GPIO时，就产生了冲突。

　　Gadgeteer内核负责创建模块实例并对其初始化，在这种情况下，它首先处理一个模块。它将检查所连接的Socket是否支持模块所需的功能，然后将针脚绑定在该Socket上，以备模块使用。当其初始化第二个模块时，它会再次执行该流程；但是，当它尝试绑定针脚时，将会看到已经绑定了另外一个Socket用于其他用途。此时它将抛出异常，以信息字符串说明问题所在。当你配置好应用程序并在Visual studio调试运行时，执行将会被异常打断，并在Visual Studio调试器窗口中显示异常错误信息。

　　使用两个Socket的另一个例子——都支持同样的SPI功能，假设你插入两个使用SPI的模块。在这种情况下，Gadgeteer 内核知晓SPI针脚可以共享，所以会允许它们用于同样的功能。

3.2　主　板

　　Gadgeteer 内核定义了Mainboard基类，如图3.3所示。所有的物理主板对应的Mainboard类都必须继承该类。Mainboard类定义了大量的抽象方法，物理Mainboard类必须实现。抽象方法定义了方法原型，但是却是空函数，继承类必须实现具体的功能。

　　这就创建了一个主板接口，对于所有主板都是一样的过程。每个主板实现接口的方式可能各有不同，但是仅从接口来看，所有主板都是一样的。

　　通常情况下，Gadgeteer应用程序不会直接访问主板。但是有两个属性和一个函数比较常用：两个属性获取主板名称和主板版本，函数设置调试LED的状态。

　　Gadgeteer主板设计规范建议，所有主板都应包含调试LED——Mainboard类包含一个SetDebugLED(bool on)函数，通过传入的布尔值设置LED状态。调

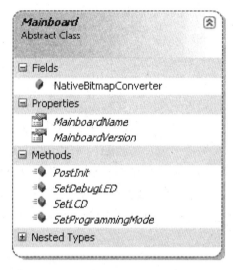

图 3.3 Mainboard基类

用该函数：参数on设置为true，LED点亮；参数on设置为false，LED熄灭。主板的一些属性还可以通过应用程序Mainboard属性配置。应用程序还可以调用PulseDebugLED()函数，使LED闪烁10ms。你不必直接控制LED的闪烁，除非你希望定制错误或调试信号，如三个慢闪或三个快闪。

主板需具体实现的其他方法都是针对 Gadgeteer内核和模块操作的。 它们允许通过Micro Framework固件所提供的接口来访问特定的主板硬件，主要功能就是配置LCD显示器。通常而言， Micro Framework 设备的LCD显示器设置（高度、宽度、时钟）在使用中是不会变化的。但是Gadgeteer 增加了灵活性，可以动态改变LCD显示器设置。例如，你在一个项目中接入的是4.3英寸的LCD显示器，而另一个项目需要接入3.5英寸的小型OLED型SPI显示器。显示器设置由Micro Framework 固件中的底层函数实现，内存缓冲区的设置需要更新为正确尺寸，图形控制器的设置也需要改变，因此修改显示器设置后一般需要重启系统，才能让新的设置参数生效。

更改代码中的设置，每种主板固件都具有针对性。Gadgeteer的Mainboard类定义的SetLCD方法，可传入一组配置参数。函数具体如何执行，取决于主板制造商。

通常情况下，LCD显示器由主板固件中的LCD控制器控制，但是SPI或串行LCD模块在Gadgeteer中生成，图形格式可能需要改变。这就涉及操作一个大的数据缓冲区，除非采用原生代码（C/C++系统级代码）完成，否则执行效率就会比较低。如果主板支持原生位图转换函数，Mainboard基类提供委托（Delegation）机制访问。

同样，也可以动态改变调试/编程通道。通常的调试通道一般是USB，但是你可修改为串行。有些主板可能不支持该功能，但在多数主板上，该通道通过开关或连接设置。

Gadgeteer 内核包括一个定制串行接口——DaisyLink——Gadgeteer团队设计的协议。DaisyLink 将在第8章中进一步讨论，它允许执行的协议模块基本上以菊花链（daisy-chained）连接在一起。DaisyLink 使用若干主板X类型Socket。

DaisyLink类似于I^2C，需要时钟和串行数据信号。理想情况下，主板用原生代码实现该协议，这就是"bit-banged"函数（串行数据传输通过快速改变针脚的输出状态来实现）。Mainboard基类提供委托机制，用来执行主板本地DaisyLink函数。如果主板不支持原生函数，Gadgeteer内核将会提供托管版本（C#编写），但是会很慢。

应用程序创建主板实例，将执行以下操作。

（1）为主板上的每个Socket创建实例，指定支持的Socket类型，并将处理器的硬件针脚功能映射到每个物理Socket的针脚。

（2）在Gadgeteer 内核中，寄存所有创建的Socket实例。

（3）如果支持，可将原生位图转换函数绑定到Gadgeteer内核委托。

（4）设置主板的名称和版本号属性。

3.3 模块和接口

Gadgeteer 内核定义了Module基类，提供了访问模块的通用接口。这是基本机制的一部分，它允许Gadgeteer内核连接任何模块至任何主板。所有模块必须直接或间接继承此类。

Gadgeteer 内核也提供了三个特殊功能的Module基类，同样继承了Module类。因此，具体的物理模块实现类也可以继承这三个类中的一个，因为它同样继承了Module基类。以下是三个特殊功能模块类型：

- DaisyLinkModule
- DisplayModule
- NetworkModule

我们将会对这些进行简短的介绍，首先谈谈Module类。

3.3.1   Module基类

Module基类有一个Module类静态数组——全局变量，它保存了应用程序创建的所有模块的信息列表。模块创建时被添加至该列表。这主要是为了确保应用程序生命周期内一直维持Module类的引用。

这就防止了.NET垃圾收集器（GC）清理Module类实例。垃圾收集器是一个内存管理系统。它无需应用程序分配和释放内存。创建类或变量实例时，垃圾收集器会为其分配内存并维护这个实例或变量。当它发现没有任何代码使用实例或变量时，垃圾收集器将释放这部分内存，以便重新使用。在应用程序生命周期，需要保留一份模块引用列表，以确保垃圾收集器不会试图清理你的模块。

    千万不要在应用程序运行（或主板带电时）时插拔模块。

Module类实际上非常简单，如图3.4所示。它提供了一些日志及直接访问（针对父类）主板的函数，以确保Module类创建在应用程序主线程上。

两个模块日志函数用来调试输出。写入此输出的任何文本将会出现在Visual Studio

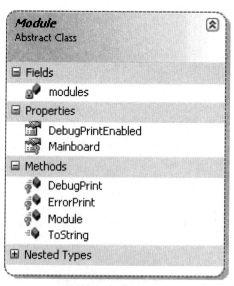

图 3.4   Module基类

输出窗口中。当你在调试时，调试输出同样可以显示在Micro Framework工具软件MFDeploy中。有两个级别的调试输出：DebugPrint和ErrorPrint。当模块使用ErrorPrint时，文本将会始终输出。通过设置属性DebugPrintEnabled的值，可以开启或关闭DebugPrint的文本输出。

使用模块开发应用程序时，如果需要更多的调试信息，可以调用[moduleInstance].DebugPrintEnabled = true开启调试信息输出。调试输出内容取决于模块制造商。

由于未公开给应用程序代码，主板属性只能通过继承Module类访问。但是，正如主板部分所讨论的，应用程序代码仍然能够访问Mainboard类实例，并非真正需要它。

3.3.2 DaisyLinkModule基类

DaisyLinkModule基类由使用DaisyLink协议的模块使用。这个协议是微软研究院针对Gadgeteer开发的定制协议。此类继承了Module基类，为模块制造商提供了协议栈。如果主板具有本地 DaisyLink 执行代码，模块将使用它；否则，就会提供托管版本。DaisyLinkModule基类如图3.5所示。

图3.5 DaisyLinkModule基类

3.3.3　DisplayModule基类

DisplayModule（图3.6）由图形显示模块使用。它继承Module基类并添加了其他功能，以配置主板显示设置，还把最新的显示配置信息存储在非易失存储器中（掉电后数据也不会丢失）。它可用这些设置检测当前显示是否为最新。

此基类允许显示模块配置其所需的LCD设置，如像素分辨率（高度和宽度），以及显示所需的时钟和信号时制。

动态配置显示需求是Gadgeteer内核的一种强大功能，对任何硬件模块都非常重要。

DisplayModule基类使用Micro Framework提供的"扩展弱引用"（Extended Weak References）功能，采用非易失方式存储显示数据关键参数。扩展弱引用功能允许数据写入主板 Flash（永久性存储器）的特殊区域，允许数据在电源开关之后检索。但是，这些数据无法确保绝对不变，"弱"就是表达的这个意思。因为当区域的存储空间受到限制的时候，对象引用数据的优先级设置得越高，存储的安全性就越高，如果存储空间不够，则一些低优先级的对象引用数据会被清除或覆盖。LCD设置参数的对象引用被设置为最高优先级别。

图3.6　DisplayModule基类

如果本基类检测到显示设置改变，它会调用Mainboard类的SetLCD函数传入LCD配置。通常情况下，在主板上的显示设置发生改变之后，系统将会自动重启。

图形接口

DisplayModule类比较重要的特性是，提供简单的图形接口供应用程序使用。此外，该类允许显示器连接主板上的其他接口，而不使用主板LCD控制器相关硬件。这样，不支持显示硬件的主板也可以使用显示器。比如，OLED SPI接口显示器就是很好的例子。

DisplayModule类的构造函数允许传入wpfRender参数。此参数值决定是由Micro Framework内部函数完成渲染（使用主板显示控制器），还是在显示模块之外处理渲染（通过继承DisplayModule类）。对于具体处理渲染的模块本身而言，只是增加了paint方法的具体实现。因此，基于SPI的显示将采用原始位图数据并按需要格式化，然后通过SPI发送数据到显示模块。要做到这一点，可能需要重新对图形进行格式化处理（红、绿、蓝三色数据格式体现在位图中）。你可能记得我们有关Mainboard基类中的讨论，主板能够提供一个转换位图格式的原生方法。DisplayModule 类（诸如所有派生类）可直接访问当前使用的主板。

该类同样允许使用Windows Presentation Foundation (WPF)进行图形开发，提供WPF窗口供应用程序调用。返回窗口将会自动调整，以适应显示尺寸。此类可用于常规内部图像控制器或渲染处理显示器本身。

SimpleGraphicsInterface类（图3.7所示）提供了一个低开销（相比WPF）

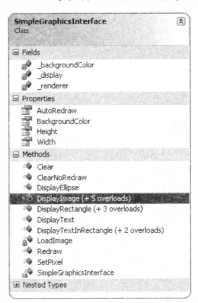

图 3.7 SimpleGraphicsInterface 类

的图形库，可以直接操作显示模块。该类提供了一个匹配显示尺寸的画布对象和库方法，以在画布上执行相关图形函数。

简而言之，简单的图形接口让你可以设定背景颜色、显示文本、绘制基本图形、长方形和椭圆，设置单像素和绘制图像（位图）。

3.3.4　NetworkModule基类

图3.8所示NetworkModule基类用于实现网络功能的模块，如Ethernet模块和WLAN模块。它添加了获取当网络设置（IP地址、网关）的函数，并设置网络设置、静态或DHCP IP地址、机制、网络状态。

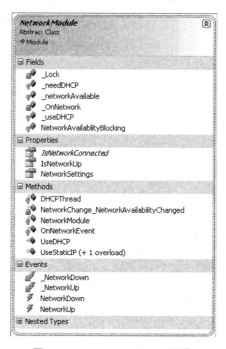

图3.8 NetworkModule 基类

3.4　Gadgeteer 应用程序

Gadgeteer增加了封装Micro Framework 应用程序的类，以扩展适应Gadgeteer功能。此Micro Framework应用程序类作为基类使用，提供操作系统接口层，用来访问线程、调度程序和调用.NET API函数。Gadgeteer 类继承该类，以添加Gadgeteer Framework功能。

3.4.1 Program基类

Gadgeteer `Program`类用来执行.NET Micro Framework 应用程序，是Gadgeteer应用程序的基类，包含一个.NET Micro Framework 应用程序类和一个启动应用程序的函数。`Program`类如图3.9所示。

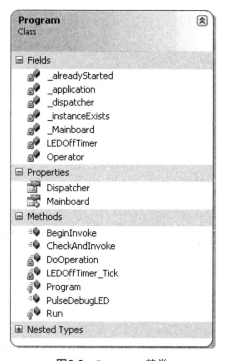

图3.9 `Program`基类

Micro Framework应用程序在其自己的线程中运行， Micro Framework库的主要图形操作需要运行在该主线程中。`Program`类提供了一种简单的机制，以检查外部函数调用是否在主线程上；如果不在，它会调整（或移动）到主线程上。

好的做法就是创建循环来轮询操作检测动态事件，如传感器变化，在它们自己的后台线程运行，防止它们干扰主线程的运行。 例如，假定在其线程中检测到了模块传感器变化，用户应用程序将该事件作为处理的一部分，需要写一些显示信息或更改图形。如果传感器事件处理器运行在后台线程，任何显示调用都不会在主线程上。`Program`类提供了一种检查调用来更新显示的简单机制，如果它不在主线程上，就将它引导到主线程正确执行。

通过调用BeginInvoke或CheckAndInvoke方法可以实现这种功能。BeginInvoke将引导调用到主线程执行。CheckAndInvoke将检查调用是否在主线程运行：如果在，该方法返回"真"（但是不会执行相关调用）；如果不在，BeginInvoke方法会将其引导到主线程中执行。

Program类同样包含当前使用主板实例的属性和主板调试LED操作函数。

3.4.2 应用程序

创建应用程序的通常做法是，使用Visual Studio Gadgeteer 应用程序模板和Gadgeteer 设计器。这样可以为你的应用程序创建项目并自动生成Program类，创建并初始化所有你所需的模块。

Program类在*Program.cs*文件中，继承了Gadgeteer.Program基类。主板和模块实例将会由设计器自动创建，并放置在局部类（Program类的部分代码，另一部分在其他代码文件中）中，名为*Program.generated.cs*。

不要修改 *Program.generated.cs* 。该文件由设计器维护，因此设计器会覆盖你在这里所做的任何更改。

下面就是设计器生成代码的过程。

（1）创建主板的实例。

（2）创建Program类实例。

（3）创建并初始化所有模块，将其分配到对应的主板Socket。

（4）调用*Program.cs*文件中的ProgramStarted，你可以在其中添加你自己的应用程序代码。

（5）通过调用Run启动 .NET 应用程序。

你也许会奇怪一个类如何创建其自身——这是一种"先有鸡还是先有蛋"的情形！Micro Framework是一种.NET 运行时，从构造上来说，它秉承了其兄长——桌面版.NET Framework的特性。

运行时将寻找一种静态方法（有效的存在于已创建类实例外部的全局方法），就是Main()函数。这是应用程序最早执行的函数，也就是所谓的应用程序入口。

此方法在*Program.generated.cs*中。步骤（1）~（5）将在静态Main方法中——执行。

以下代码片段是典型*Program.generated*的内容：

```csharp
public partial class Program : Gadgeteer.Program
{
    // GTM.Module定义
    Gadgeteer.Modules.Sytech.SerialCamera camera;
    Gadgeteer.Modules.Sytech.LCDTouch lcdTouch;

    public static void Main()
    {
        //初始化Mainboard很重要
        Mainboard = new Sytech.Gadgeteer.Nano();
        //创建Program类实例
        Program program = new Program();
        program.InitializeModules();
        program.ProgramStarted();
        program.Run(); // 开始调用方法
    }

    private void InitializeModules()
    {
        // 初始化GTM.Modules 和事件处理器
        camera = new GTM.Sytech.SerialCamera(2);
        lcdTouch = new GTM.Sytech.LCDTouch(10, 9, 8,
            Socket.Unused);
    }
}
```

以下代码片段来自于*Program.cs*文件，展示了`ProgramStarted()`的执行：

```csharp
public partial class Program
{
    //此方法在主板启动或重置时执行
    void ProgramStarted()
    {
        //可以在此处添加应用程序或实现应用程序的入口
        //但该应用程序必须异步执行，或只在其自身的线程中
        //你必须退出此函数来启动主应用程序
        camera.OnPictureProgess +=
            new GTM.Sytech.Camera.PictureProgressDel(
            camera_OnPictureProgess);
```

```
camera.CameraPictureReady +=
  new SerialCamera.CameraEventHandler(
  camera_CameraPictureReady);
camera.DebugPrintEnabled = true;
camera.EnableCamera();
//在调试过程中，使用Debug.Print事件将信息显示在Visual Studio输出窗口
Debug.Print("Program Started");
}
```

3.5 Gadgeteer 接口、实用功能和服务

Gadgeteer 提供硬件功能接口（如SPI），提供文件读写功能，以及Web服务。我们现在简要讨论一下主要接口、实用功能和相关服务。

3.5.1 接 口

Gadgeteer 内核提供了大量特定硬件功能（如SPI、I^2C、数字I/O等）。通常情况下，模块创建者常用它们提供访问主板硬件特性的标准方法。作为应用程序开发者，你可以使用模块固件暴露的接口函数，但是模块不会意识到你的代码存在。

模块创建者使用接口访问底层硬件函数，但暴露上层函数给应用程序。例如，对Button模块来说，模块创建者使用DigitalInput或InterruptInput接口检测按钮按下/释放状态。但是，它们会向你的应用程序暴露上层函数，如OnButtonPressed或IsButtonPressed属性。

3.5.2 实用功能

Gadgeteer内核提供了大量的实用功能类，用来帮助你构建应用程序。

1. Timer类

Timer类（图3.10）在主线程上运行，这意味着定时时间到达时，其Tick事件将会在主线程上执行。Tick事件处理器中的代码能够安全访问显示函数及其他函数，而无需在主线程上配置。

Timer有两种运行模式：RunOnce和RunContinuously。针对单次定时器事件，可设置为RunOnce模式。针对循环周期运行事件，可设置为RunContinuously

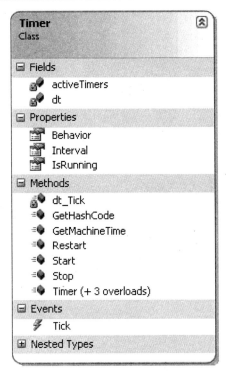

图3.10 Timer类

模式。

要使用Timer，设定你希望的定时器运行周期和运行模式，然后为Tick绑定一个事件处理器。Tick事件会在每次定时器周期到期时调用。Timer可以根据需要启动、停止和重启。

Timer类还提供了一个可用的静态方法，即使无Timer实例，也可以从主板返回当前机器时间。

通常情况下，建议你使用Gadgeteer Timer取代Micro Framework Timer。

2. StorageDevice类

该类如图3.11所示，是针对存储设备（如SD卡）的类。通常情况下，存储类型模块创建者会创建供应用程序访问的Storage类实例。

该类提供了大量创建目录、列出目录、文件、读写文件的方法。

3. Picture类

Picture类如图3.12所示，是一种图片处理类。它包含了图片或图像，通过数组形式访问原始图片数据，获取数据的编码格式，支持GIF、 JPEG和位图。它也可以将原始数据缓冲转换为位图，而不管原始数据格式（只要是它支持的编码类型）。

Colors可以通过名称对颜色进行访问，如蓝、绿或红。

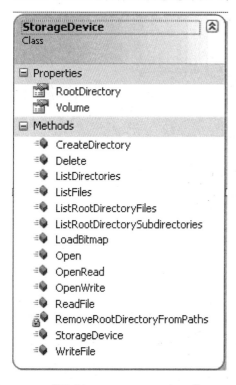

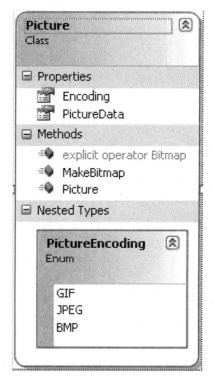

图3.11 StorageDevice类　　　　图3.12 Picture类

3.5.3 服 务

Gadgeteer内核提供了一些有用的网络服务，可由应用程序直接使用：

- 网络服务器（Web Server）；
- 网络客户端（Web Client）。

这些服务能够支持并简化访问网络服务器，并提供客户端功能。 关于这些服务更详细的讨论，请参见第11章。

第**4**章

Gadgeteer的API接口

Gadgeteer内核提供一系列的接口类。此类接口并非C#语言定义中的接口（仅定义了属性和方法，但不执行），而是标准化接口，可操作特定的硬件功能。此外，此类接口主要用于帮助模块固件编写者用统一的接口标准去访问硬件，而不用关心主板的具体物理硬件实现。这些接口是上层代码访问硬件的一种媒介。

一般说来，这些接口不会在应用程序中被直接使用，但了解它们的功能，还是非常有必要的。

4.1 模拟输入/输出

Gadgeteer定义了访问模拟电压输入/输出的接口，允许用户读取输入值和设置输出值。API接口是真实物理硬件接口的虚拟，对任何处理器来说都没什么不同。并不是所有的主板都支持模拟输入/输出功能。

4.1.1 AnalogInput类

AnalogInput类（图4.1）封装了一个能读取输入针脚0～3.3V模拟电压值的功能，可以返回当前模拟电压值。其中，AnalogInput.ReadVoltage函数读取0～3.3V双精度值，AnalogInput.ReadProportion函数返回比例值（最大值减去最小值的比例值），该值在0～1之间。

类的构造函数配置Gadgeteer Socket中对应的针脚为模拟输入接口。Socket、针脚号和执行模块都在构造函数中实例化，所用的Socket针脚必须支持模拟输入功能。

通常，Socket类可以创建AnalogInput类的实例。当主板创建Socket类并分配针脚时，Socket类将返回AnalogInput类的实例。当然，对应的硬件必须支持物理模拟输入。Gadgeteer Socket中可支持模拟输入的针脚分别为Pin 3、Pin 4和Pin 5。

数据的精度和分辨率完全取决于硬件的能力。

该功能不限于仅返回0~3.3V的值。如果模块制造商提供0~10V的ADC板，proportion（比例）属性可用于标识最小值到最大值差值比例，由相应的比例函数直接返回0~10V的值。

4.1.2　AnalogOutput类

AnalogOutput类（图4.2）可以让输出针脚输出一定大小的模拟电压，其属性可返回所支持的最大和最小输出电压值。通过 AnalogOutput.Set方法可设置输出电压的双精度浮点值。例如，将输出设置为2.75V，可调用[AnalogOutput].Set((double)2.75)，该类的实例名则为[AnlogOutput]。

类构造函数可传入Socket实例、Socket针脚号和模块实例。同样，它也是Socket类的构造函数创建的一个AnalogOutput实例。主板Socket中的针脚必须要支持模拟输出功能。一个Gadgeteer Socket仅支持一个模拟输出针脚——Pin 5。不过，这不会限制模块的模拟输出数，模块一般通过I^{2}C和主板连接。单路模拟输出只受主板Socket的限制。

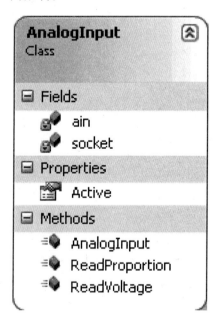

图4.1　AnalogInput类

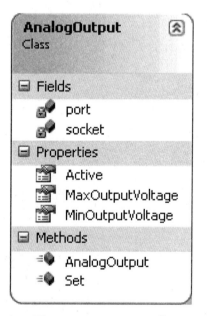

图4.2　AnalogOutput类

4.2 数字输入、输出和输入/输出

该接口定义GPIO的三种类型：输入、输出和输入/输出。如果接口允许，还可以采用上层API函数访问针脚。此外，还有一种针脚支持输入中断功能。

4.2.1 DigitalInput接口

DigitalInput接口（图4.3）封装了硬件逻辑输入针脚。构造函数配置Socket、Socket 针脚号和针脚连接的模块。针脚也可以进行其他配置，如是否使用上拉电阻或下拉电阻（当然也可以不使用），启用"干扰滤波"功能。"干扰滤波"将会使针脚的输入变得稳定。"滤波"的周期取决于具体的硬件实现。

DigitalInput:Read()是主要方法，如果输入值高（逻辑1，3.3V），反馈的布尔值即为"真"；如果输入值低（逻辑0，0V），反馈的布尔值即为"假"。

4.2.2 DigitalOutput接口

DigitalOutput接口（图4.4）封装了硬件逻辑输出针脚。与数字输入一样，构造函数配置Socket、Socket 针脚号和针脚连接的模块。它也可设置针脚首次输出的状态（"真"或"假"）。

该接口有两个主要方法：Write()与Read()。Write()方法使用布尔值设置端口的输出状态。Read()方法可回读当前端口状态（内部状态标识）。这种方法不会真正读取物理端口状态，为此，你可能需要使用输入/输出接口。

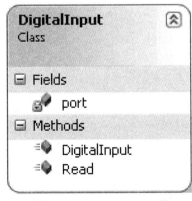

图4.3 DigitalInput类

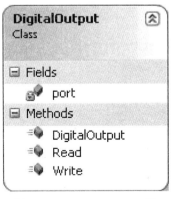

图4.4 DigitalOutput类

4.2.3　DigitalIO接口

DigitalIO接口（图4.5）是数字输入接口与数字输出接口的结合体。它封装了硬件逻辑针脚，既可激活为输入接口，也可激活为输出接口。

构造函数配置Socket、Socket 针脚号和针脚连接的模块。同时，它设定电阻模式（上拉电阻、下拉电阻和零电阻）、滤波功能，并配置首次输出状态（"真"或"假"）。

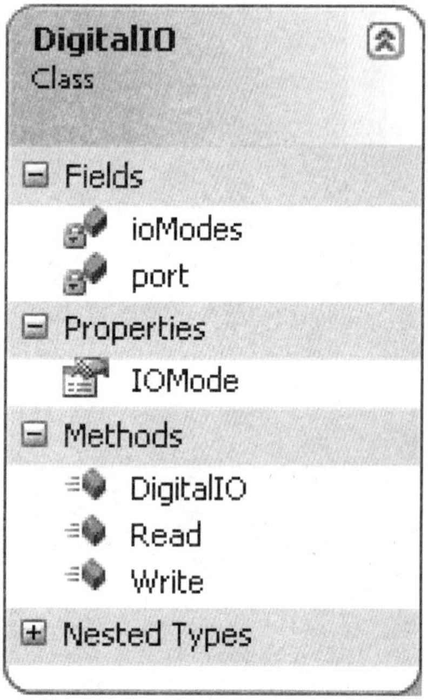

此接口主要有两种方法：Read()和Write()。Write()行为与输出端口接口相似，可以设置物理针脚的状态。Read()行为与输入端口相似，可以读取端口外部的逻辑值。但是，你需要告知端口你希望的运行方式：通过设置IOMode属性来设定回读输入值或输出值。同时，你可以读取IOMode属性值，判断当前设定的模式。该属性控制硬件针脚的复用形式。

如果需要读取外部数据值，IOMode必须设置为IOMode.Input。如果设置为IOMode.Output，则是输出，你可以读取设置的最终输出状态是什么，但此值不是外部硬件电路实际输入值。如果对端口进行写操作，你所写入的值（"真"或"假"）不会直接操作物理端口，直到该模式设置为IOMode.Output为止。

DigitalIO
Class

□ Fields
- 🔒 ioModes
- 🔒 port

□ Properties
- 🔧 IOMode

□ Methods
- ≡● DigitalIO
- ≡● Read
- ≡● Write

⊞ Nested Types

图4.5 DigitalIO类

4.3　InterruptInput类

InterruptInput类（图4.6）封装了通用输入/输出（GPIO）针脚，支持中断。当输入针脚上的电平发生变化时，处理器会得到通知，并处理该变化。这是通过.NET事件机制实现的。当该事件触发时，应用程序将执行预先绑定的事件处理器。

构造函数配置Socket、Socket 针脚号和针脚连接的模块。设定电阻模式（上拉电阻、下拉电阻和零电阻），无论是否开启滤波功能，中断模式都可以是下降沿（输入电平由高到低）、上升沿（输入电平由低到高）或者两者兼备（上升沿和下降沿都会触发）。

　　此类派生于DigitalInput类，所以你可以使用Read()方法直接获取输入针脚的状态。另一个主要方法是OnInterruptEvent——如果设置为下降沿模式，它将触发（满足中断模式，即输入由高变低）。这将通过EventArgs参数中的发送端（InterruptInput实例）和输入布尔状态，调用绑定到事件的委托处理器。事件使用C# syntax +=添加事件处理器。

4.4　PWMOutput类

　　在InterruptInput类（图4.7）中，构造函数配置Socket、Socket 针脚号和针脚连接的模块。

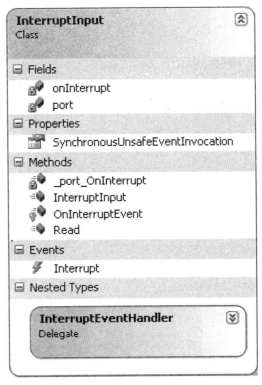

图4.6　InterruptInput类

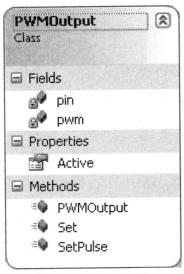

图4.7　PWMOutput 类

　　PWMOutput类封装了PWM输出针脚，可配置频率和占空比（或者设置周期和高电平脉冲宽度）。

　　Set()方法主要用于设置频率和占空比。频率单位为赫兹（Hz）（每秒周期数），占空比范围为0～100。

　　SetPulse()方法用于设置周期和高电平脉冲宽度，单位为纳秒（ns）。

4.5　I2CBus类

　　I2CBus类（图4.8）是辅助类，集成了Micro Framework中的I^2C功能，可让串行设备连接到物理I^2C总线，简化了设备读写I^2C寄存器的方式。多个外部设

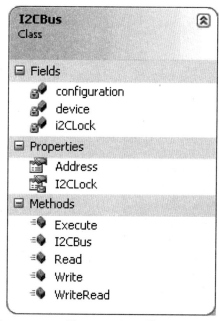

图4.8　I2CBus类

备可以连接到同一个物理I^{2}C总线上，只要每个设备都有唯一的地址即可。

构造函数配置Socket及可选的模块，同时还配置外部设备的I^{2}C地址和总线频率（时钟频率）。主板上的多个Socket可以共用一个物理I^{2}C总线（即硬件针脚相同）。构造函数将验证Socket的使用情况，检查共享的I^{2}C针脚有没有在另一个Socket上用作不同的功能。

I^{2}C总线的主要方法是写/读操作，读写的数据存放在字节数组里，同时也支持数据流读写。

I2CBus类处理Micro Framework底层I^{2}C读写协议，如起始位，"acks"（确认）和"naks"（未确认）。详情请参见I^{2}C协议规范。

4.6　Serial类

Gadgeteer Serial类（图4.9）包含Micro Framework .NET Serial类，并添加了一些功能，让串行通信更容易。其主要特点是添加了字符串行读取功能。你可设置一个或多个字符串的分隔符。新创建的线程用于监控已接收的字符，并将字符存储为字符串。收到字符串分隔符的时候，将触发LineReceived事件，向应用程序传递完整的字符串（不含分隔符）。

同时它还增加了WriteLine方法，可以自行在字符串末尾添加分隔符，并写入串口发送缓冲区中。除了WriteLine函数，还有几个重载版本的Write()也是可用的，允许把字符串或字节数组写入串口发送缓冲区。

该类还将管理OnDataReceived事件和LineReceived事件，并将事件移动至主GUI线程中。这样，事件处理器中的数据可直接用于图形显示。

所有.NET Micro Framework本身支持的Serial类属性和方法也可以正常使用。

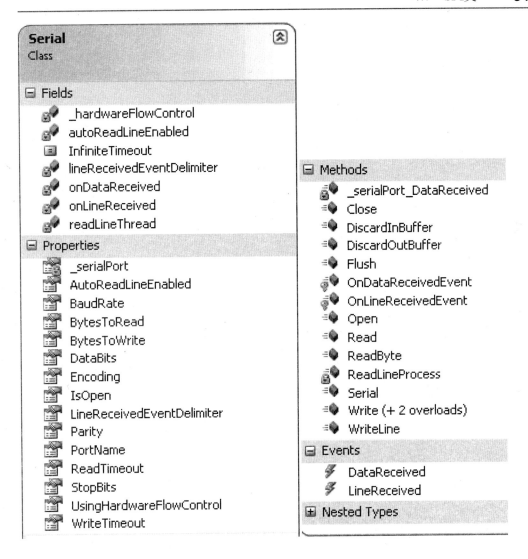

图4.9 Serial类

4.7 SPI类

SPI类（图4.10）包含Micro Framework SPI类，并扩充了一些让读写SPI设备更加容易的功能。SPI是另一种同步串行通信标准接口，包含时钟、数据输入和数据输出三个信号。此外，还有一个片选信号，用来使能当前要访问的芯片。多个设备可以同时

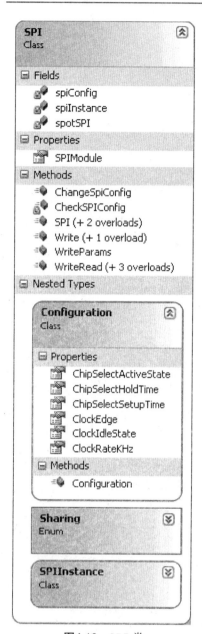

图4.10　SPI 类

连接在时钟、数据输入、数据输出这三个信号上，但是要通过GPIO进行通信设备选择。该类实现了一个主设备，也就是控制设备。其他相连的模块为从设备。主设备控制所有的通信过程。从设备无法发起通信，只是响应主设备。

类的构造函数为连接到主板上的设备创建SPI通道，关联Socket、设备配置、片选针脚使用、共享模式，为指定Socket选择SPI总线模块。主板可以提供多个SPI总线，主板可配置的物理总线与Socket相关联。

设备配置是一个设备接口详细信息类，包括使用的时钟频率、时钟信号的配时参数、片选针脚等。这可以实现在同一SPI总线以不同时钟的频率、时钟极性进行数据通信。

与设备通信时，SPI类提供读取数据缓冲区和读写设备的方法。所有总线访问的底层处理细节都由设备配置为你处进好了，应用开发时不必关心。

第5章

Gadgeteer主板和模块

选择基于.NET Micro Framework技术的处理器或主板取决于所编写应用程序的类型和费用预算：低成本的主板内存有限；一些主板内存容量大，读写速度快；一些主板拥有特定的功能，如模拟输入/输出和CAN总线接口。

有大量的Gadgeteer模块可供选择，并有最新产品定期发布。在美国市场，模块最大单一来源是GHI Electronics公司。该公司是许多模块制造商的主要经销商，同时也经销自己公司设计的模块。最近一次查阅他们的网站时，发现他们提供了50多个类型的模块。

5.1 Gadgeteer主板

很多制造商会提供多种类型的主板。以下内容概述了部分主板制造商、分销商和他们的产品。

5.1.1 GHI Electronics

GHI Electronics是美国的一家公司，制造了大量Micro Framework、Gadgeteer和嵌入式产品。GHI也是Seeed Gadgeteer模块和Mountaineer Group Gadgeteer主板的主要经销商。

1. FEZ Spider

规格：NXP LPC2478 72MHz ARM 7处理器，16MB RAM，4.5MB Flash。

Spider在GHI公司OEM Micro Framework模块的基础上，EMX模块采用GHI公司商用Micro Framework端口并扩展了OS固件的多种额外属性特征和驱动，如USB主机，可以接入拇指驱动器、鼠标、键盘和其他USB设备。它还支持GHI WiFi模块。

该设备配有大容量Flash和RAM内存，可以处理大型复杂的应用程序。

如图5.1所示，Spider配有14个Gadgeteer Socket，支持4个串行UART，2个SPI、I^2C总线、模拟输入/输出、PWM、USB主机和设备、Ethernet、CAN、SD卡（4位接口）、LCD、触摸屏、GPIO。

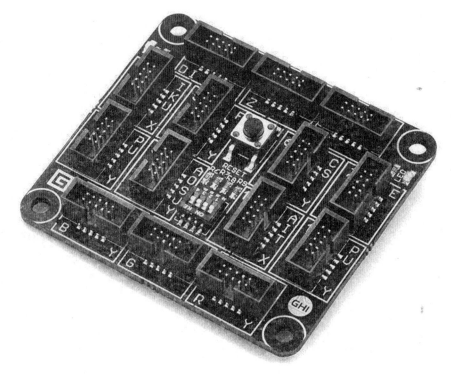

图5.1　FEZ Spider

2. FEZ Hydra

规格：AT91SAM/RL 240MHz ARM9处理器，16MB SDRAM，4MB Flash。

Hydra是专为Gadgeteer设计的一种完全开源的固件。这种开源固件并不具备Spider专有的特征。该主板采用ARM9处理器，还配有大容量的Flash和RAM内存。然而，Flash基于SPI，而不是并行接口。

如图5.2所示，Hydra配有14个Gadgeteer Socket，支持4个串行UART、2个SPI、I^2C、模拟输入/输出、PWM、USB设备、SD卡、LCD、触摸屏GPIO。

采用GHI公司的SPI接口Ethernet模块可支持以太网。

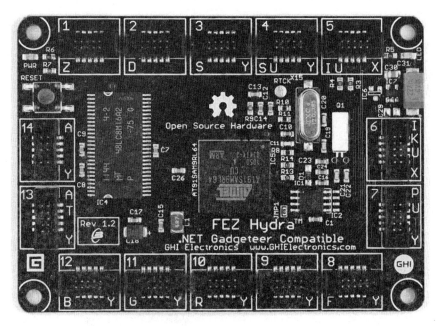

图5.2 FEZ Hydra

3. FEZ Cerberus

规格：STM32F405 168MHz Cortex-M4 处理器，1MB Flash，192KB RAM。

Cerberus是一种SoC设备，所有内存集成到微处理器芯片，是一种简易低成本的设计。如果板载Flash内存足够大和充足，可容纳OS固件，剩下的内存还可以容纳小应用程序。

这是一种完全开源的设计，其Micro Framework端口基于Oberon Microsystems Cortex M固件。STM芯片是Cortex族系的最新芯片，主要的限制是内存可用空间。这就限制了设备只能运行小型、低内存的应用了。

Cerberus（图5.3）配有8种Gadgeteer Socket，支持2个串行UART、SPI、I²C、模拟输入/输出、PWM、USB设备、SD卡、LCD、CAN、GPIO。

采用GHI公司的SPI接口Ethernet模块可支持以太网。

5.1.2 Mountaineer Group

Mountaineer Group是两家瑞士公司Oberon Microsystems和CSA Engineering的合伙企业。Oberon Microsystems公司的Cuno Pfister及其团队研发了基于Cortex-M3平台的设备，并提供了STM M3/M4族系的.NET Micro Framework移植工具包。

图5.3   FEZ Cerberus

1. Mountaineer USB主板

规格：STM32F407 168MHz Cortex-M4 处理器，1MB + 8MB Flash，192KB RAM。

这款主板采用ST Cortex-M4处理器，附加8MB外部Flash。该主板的芯片内部配有1MB Flash，用于OS和应用程序代码。附加的8MB Flash连接到SPI端口，可用于数据的存储，但不用于应用程序代码。目前，这种 Flash可直接接入，采用SPI驱动代码。在将来，"原生"文件系统接入内存成为一种可能。你仍需要在有限的 RAM中进行工作。不寻常的是，USB设备和电源都集成到主板，并不需要额外的USB设备或电源模块。主板上还集成了一个"用户"按钮。这是目前最小的主板，仅仅是因为它打破了一些主板的设计规则！

如图5.4所示，主板配有8个Gadgeteer Socket，支持4个串行UART、2个SPI、I^2C、模拟输入/输出、PWM、CAN GPIO。第9个Socket是制造商定制的，可将JTAG接入处理器。

主板不支持SD卡。对应用程序来说，板载的SPI 8MB Flash可用于数据存储。另外，固件还不支持CAN和USB主机。

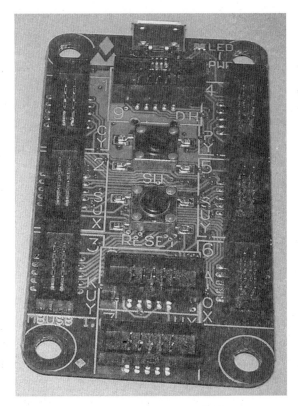

图5.4　Mountaineer USB主板

2. Mountaineer Ethernet主板

规格：STM32F407 168MHz Cortex-M4处理器，1MB + 8MB Flash，192KB RAM。

该主板基于USB版本，但是它添加了以太网功能。该主板集成了USB设备、电源和"用户"按钮。

Ethernet采用处理器的以太网控制器，并实现了100MHz高速以太网接口。这是一个小型以太网连接应用程序的电源板。

该主板（图5.5）配有7个Gadgeteer Socket，支持4个串行UART、2个SPI、I²C、模拟输入/输出、PWM、CAN、GPIO。第8个Socket是制造商定制的，可将JTAG接入处理器。和USB版本的主板一样，目前，固件不支持CAN和SD卡。

图5.5 Mountaineer Ethernet主板

5.1.3 Love Electronics

Love Electronics是一家英国公司，提供一系列传感器模块和高端Gadgeteer主板Argon R1。

Argon R1

规格：NXP LPC1788 120MHz Cortex-M3处理器，128MB Flash，32MB RAM。

这是一款功能齐全的主板，提供了大容量的 Flash和RAM。

如图5.6所示，主板配有14个Gadgeteer Socket，支持USB主机、USB设备、3个UART串口、SPI、I^2C、模拟输入、PWM、CAN、LCD、触摸屏、GPIO，还有1个JTAG接口。该主板的特殊功能是快速直接访问双缓冲区视频（显示）存储，这对图形类应用程序而言是个不错的选择。

图5.6　Argon R1

5.1.4　Sytech Designs Ltd.

Sytech Designs也是一家英国公司，是一系列OEM Micro Framework主板、Gadgeteer主板、模块的设计者和制造商，还承接硬软件的设计顾问。

NANO主板

规格：Freescale i.MXL200 MHz处理器，8MB Flash，8MB RAM。

NANO主板基于Device Solutions Meridian MXS模块，配有200MHz ARM 9处理器、8MB快速 Flash和 RAM。这种快速又强大的Micro Framework主板能够处理占用高内存的大型复杂应用程序。这也是最小主板中的一款（Mountaineer USB主板还要小一些）。

如图5.7所示，主板配有10个Gadgeteer Socket，支持USB设备、2个串行UART、SPI、I²C、LCD、触摸屏、GPIO。其中有一个制造商定制Socket，支持Sytech Ethernet和SD卡模块。该主板默认支持4.3英寸液晶显示器和触摸屏。

图5.7 NANO

中国的北京叶帆易通科技有限公司（*www.yfiot.com*）最近推出了 Gadgeteer 主板和相关模块，其创始人曾在微软亚太研发集团 .NET Micro Framework 相关项目组工作了 4 年。

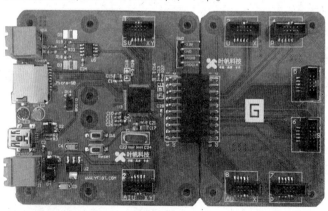

——译者注

5.2　Gadgeteer 模块

要使用一个模块，主板必须支持相应类型的Socket。如果主板不支持CAN功能，CAN模块将无法正常工作。大多数模块需要SPI、I²C或UART串口。所有的主板都支持这些模块。

5.2.1　以太网、WiFi和SD卡

在.NET Micro Framework中，一些模块功能依靠主板内在的驱动程序运行。主要功能包括SD卡和以太网功能。一般来说，需要使用同一制造商的模块和主板。

目前，GHI公司的Spider主板支持原产的WiFi模块。任何主板上都可使用WiFi，但会受到一定的限制。在所有主板上都能运行的最简WiFi接口是WiFly模块。WiFly模块拥有集成TCP/IP 协议栈和串行接口。该模块的一些版本配有Digi XBee模块PCB布局的物理接口，可以嵌入GHI和Sytech Designs公司的Gadgeteer XBee接口模块。

5.2.2　图形显示器

目前，支持原产LCD显示器的主板有Spider和Hydra（GHI）、NANO （Sytech）和Argon R1（Love Electronics）。

Spider和Hydra默认支持GHI 3.5英寸显示器，NANO默认支持Sytech 4.3英寸显示器。以上提到的4款主板都可以配与GHI 3.5英寸显示器或Sytech 4.3英寸显示器工作。但是，4.3英寸显示器比3.5英寸显示器像素更高，运行最佳，处理器速度更快，如NANO和Argon R1。

SPI接口显示器可用于大多数主板。但是，在内存有限的主板中运行时，它们的功能也是受限的。实际上，根据显示器的要求，主板需要支持必需的位图格式转换程序，且在原生代码中执行。如果使用Gadgeteer托管 (C#)程序，显示器的刷新率会变低。

5.2.3　I²C和SPI模块

大部分传感器模块都采用这些接口，如加速度计、电子罗盘、陀螺仪等。问题在于，模块（除DaisyLink模块外）不能呈Gadgeteer标准菊花链状，而必须直接插入主板。不管制造商在主板上设计多少Socket，你会发现I²C或SPI Socket永远不够。

Gadgeteer对该问题提供的解决方案是采用DaisyLink模块，但是这里的问题是DaisyLink基于Gadgeteer串行协议，需要在主板上安装一个激活设备（微处理器）执行协议。制造一个模块需要许多工序，DaisyLink模块适用的范围是有限的。随着Gadgeteer的发展，我们将会见证——可连接到单一主板Socket的I^2C或SPI模块数量扩展方案。

5.2.4　串行模块

模块的最后一个主要类别是串行模块（采用UART Socket），适用范围从摄像头到无线通信设备，再到GPS设备。近来，可与计算机RS-232端口连接的最有用的模块之一是串口转USB虚拟串行端口模块。它适配主板串行Socket到USB虚拟串行端口，便于与PC更顺利地进行串行通信。

在无线网络方面，有用的模块是XBee接口模块。Digi、XBee、ZigBee无线模块中的任何一款都可接入主板的串行Socket。与这些设备的通信在串行协议中，是基于调制解调器AT命令的。在这种格式中，还有串口转WiFi模块，如Roving Networks WiFly模块、支持串行接口的GSM和GPS模块。

第**6**章
部署和调试

    Visual Studio开发工具为.NET Micro Framework系统提供了极其强大的编写、部署和实时调试环境。本章将探讨调试和部署应用程序的工具，Visual Studio是主要开发工具。

    除Visual Studio开发工具外，还有一种调试工具同Micro Framework SDK打包在一起。这个工具称作MFDeploy。

    MFDeploy是一种常被忽视的Windows桌面应用程序，它可以连接到Micro Framework设备，并能与.NET Micro Framework运行时建立通信连接。MFDeploy能够显示设备信息，如版本和系统能力。它可以部署应用程序、下载固件、执行一些基本的调试功能，甚至可以编写属于你自己的插件，并将插件集成在MFDeploy中（这是个前沿课题，超出了本书的研究范围）。

    MFDeploy还是一种有助于解决通信问题并重置设备恢复初始状态的工具。MFDeploy给我们提供了一个窗口到深入应用程序调试的Micro Framework端口，但是，一般还需要采用Visual Studio工具。通过MFDeploy部署应用程序是一个比较复杂的过程，要求先通过Visual Studio部署相关应用程序，然后MFDeploy从设备中提取应用程序的二进制数据并保存到磁盘，这样就可以拿这些二进制数据部署到其他设备上了（主要用于量产部署）。但是，Visual Studio只能部署应用程序，而不能更新操作系统的固件，因此需要硬件制造商提供MFDeploy或类似的应用程序来完成这种底层硬件操作。Visual Studio工具其实更适合应用程序开发。

    在Visual Studio中，你可以在代码中设置断点并对真实硬件实时部署及执行应用程序（在线调试时，系统开销将比较大）。当断点命中并停止执行时，可以在执行点访问所有的全局变量和局部变量；可以检查这些值，修改这些值，并进行代码单步调试；甚至可以再次执行那些代码，修改变量值以观察执行效果。

    如何通过Visual Studio进行调试是一个很大的话题，以下仅讨论本章所涉及的主要功能，以便进行更深入的探讨。

    MFDeploy为.NET Micro Framework操作系统提供了一个窗口。在研究MFDeploy

之前，我们需要大致了解.NET Micro Framework操作系统的两个版本。除TinyCLR外，还有一个名为TinyBooter的最小版本。TinyCLR是集成了CLR运行时的完整系统，而TinyBooter仅支持调试通道和系统存储，不支持应用程序运行。

6.1　TinyCLR和TinyBooter

大多数.NET Micro Framework设备同时支持两个版本的操作系统：TinyCLR和TinyBooter。

所有设备都支持TinyCLR版本，其中包含公共语言运行库（CLR），它允许运行.NET应用程序。这是该设备的常规操作模式。有些内存有限的设备会用自身的引导程序替代TinyBooter，以节省存储空间。但是，一般而言，如果一个设备需要这样做，也往往意味着它的系统资源不够支撑Gadgeteer架构。

TinyBooter是最小化的运行时系统。它并不支持应用程序运行，但支持核心系统和调试通道。当系统出现运行故障的时候，TinyBooter成为系统恢复的关键（或准确地说，是应用程序出现运行故障）。TinyBooter允许通过设备调试通道重新部署固件。

例如，下载一个锁定设备的应用程序到设备中，它不允许使用调试通道，你无法清除或替代有问题的程序，也不能刷新设备等。比如，代码第一行便调用硬件复位功能的应用程序，设备启动后立即重启，并且不断重复这个过程。你不能通过连接调试通道来改变这种局面，而TinyBooter将能帮助你解决这个问题。

通常有相关硬件电路选择TinyBooter模式连接端口。例如，Sytech公司的Nano主板上有一个DIP开关，如果在关闭状态，则在系统启动时会选择TinyBooter模式启动。FEZ Spider主板与FEZ Hydra主板一样，都有一个DIP开关，可以先连接一个按钮模块到特定的Socket，按住按钮的同时重启设备，则可以进入TinyBooter模式。底层调试命令也可以切换TinyBooter和 TinyCLR之间的运行时模式，MFDeploy就可以实现。TinyBooter模式将不再从Flash中加载任何应用程序，仅加载TinyCLR运行时。

如果改为TinyBooter启动模式，应用程序将不会被加载（如所举上例），调试通道恢复正常，可以正常连接到MFDeploy。MFDeploy可以从Flash中清除用户应用程序（不会清除TinyCLR），然后可以恢复正常模式（TinyCLR）来重启设备。由于运行故障应用程序已被删除，不会再运行，所以Visual Studio可以正常调试设备了。

如果你需要在TinyCLR模式运行，并通过Visual Studio部署和调试，那么，不要忘记恢复相关硬件设置或重启TinyBooter！

6.2 使用MFDeploy

在微软Micro Framework SDK安装的Tools选项中访问MFDeploy，如*<Program Files>\Microsoft .NET Micro Framework\v4.1\Tools*，你会在文件中看到*MFDeploy.exe*。不同版本的Micro Framework安装在不同的"版本"文件夹中。上面的路径采用的是4.1版本，如果你使用的是4.2版本，包含Tools选项的父文件夹是*..\v4.2\Tools*。强烈建议右键单击并选择Send To→Desktop，在你的桌面上就创建应用程序的快捷方式。

双击MFDeploy.exe（或使用刚创建的桌面快捷方式），启动MFDeploy。

6.2.1 MFDeploy主界面

MFDeploy主界面如图6.1所示，主要分为三个主要部分和一个工具栏。三个主要部分包括：设备控制区、镜像文件管理区、调试输出区（显示文本信息）。

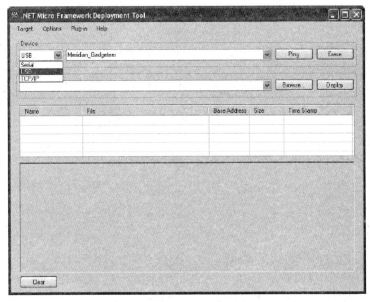

图6.1 MFDeploy主界面

1. 设备控制区

MFDeploy主界面上部是设备控制界面（图6.2），允许选择设备调试通道，可以在串口、USB或以太网通道中检测设备。基于Gadgeteer的硬件，一般通道为USB。

界面左边的下拉框中，可以从列表（串口、USB或以太网）中选择具体的通信通道。

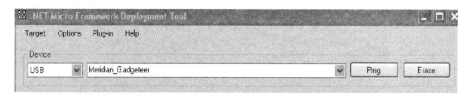

图6.2 MFDeploy设备控制界面

易记名

制造商为每个 Gadgeeter 主板都指定了一个 USB 易记名加以区别。命名规则一般为 "[name]_Gadgeteer"，以区别于 Gadgeteer 类设备。Gadgeteer 项目模板设置 Visual Studio 项目通过这种命名格式查找 USB 设备，并自动连接进行项目调试和配置。中间的下拉列表涵盖了所有检测到的设备，设备的命名会以 USB 易记名加以区分。

通过USB连接物理设备到计算机。从Device下拉菜单中选择调试通道，选择连接设备到计算机所需的通信通道（在我们的示例中是USB）。MFDeploy将在下拉菜单中显示检查到的所有连接设备。在我们的示例中，仅涉及一种设备且USB易记名为Meridian_Gadgeteer。在首次连接Gadgeteer主板到Windows计算机后需要等待几秒钟，以检测设备和USB连接的有效性。如果设备是可用的，设备名将出现在第二个下拉菜单中。此时，MFDeploy已与您的设备连接完毕。

右边的两个按钮为Ping和Erase。单击Ping按钮检测设备。设备响应，并在窗口底部的输出区显示该次检测结果。设备会显示当前运行设备的操作模式，如TinyCLR或TinyBooter。若设备上的Micro Framework运行时正常运行，则Ping命令发出的时候，设备就会响应。

Erase按钮并不比我们看到的可怕。它仅能删除已部署到设备上的应用程序（托管代码），不能删除Micro Framework固件！该功能有助于恢复设备到初始状态，不会加载应用程序，仅运行操作系统。

2. 镜像文件管理区

MFDeploy窗口的下一个主要部分是镜像文件管理区，如图6.3所示。

MFDeploy可部署文件到设备中。文件可以是应用程序或新的Micro Framework

固件。部署的文件是二进制格式，兼容于ARM处理器。在本章小节"使用MFDeploy部署应用程序"中，我们将从MFDeploy部署应用程序展开讨论。在Image File框中浏览并选择需要部署的文件，会在中间部分的文件列表中显示。选择相应的文件名的复选框后，点击Deploy按钮，下载所有的文件到设备中。图6.3显示了需要更新Micro Framework固件的文件：ER_FLASH、ER_CONFIG和ER_DAT。 由于大部分硬件制造商提供了更简单、更友好的更新设备固件的方法，所以通常并不需要采用MFDeploy进行固件部署。

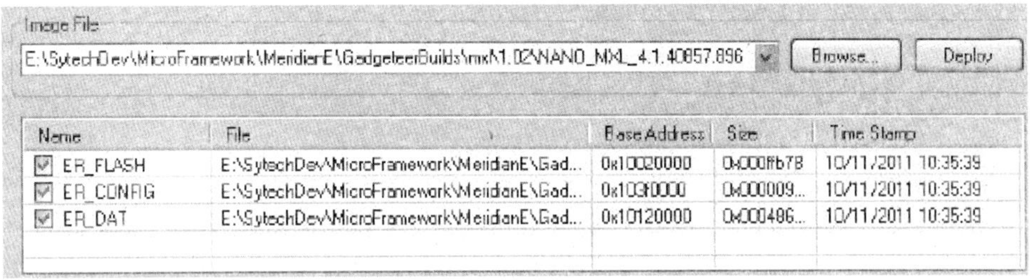

图6.3　MFDeploy镜像文件截图

3. 调试输出区

MFDeploy界面的底部是输出区域，来自MFDeploy或设备的任何文本信息都显示在此处。

6.2.2　MFDeploy功能

现在，我们看看MFDeploy中的一些关键有效的调试功能。许多功能都是底层层面的，如查看设备固件端口底层操作系统结构，而不是和应用程序调试真正相关。我们将对一些有助于应用程序开发和调试的功能进行讨论，如不使用Visual Studio，查看应用程序的调试输出语句，检测已安装的固件版本，部署独立于Visual Studio的应用程序。

1. 在MFDeploy中查看应用程序调试文本

任何添加到应用程序的调试文本——以Debug.Print("Debug text")的格式显示在MFDeploy的输出区（如果从Visual Studio连接和调试，文本将出现在Visual Studio输出窗口）。以下是设置调试通道的步骤。

（1）将设备连接到调试用计算机——通常采用USB接口。

（2）启动MFDeploy。

（3）设置USB的调试通道并从下拉列表中选择设备。

（4）从Target菜单选择Connect选项，如图6.4所示。

.NET Micro Framework Deployment To

| Target | Options | Plug-in | Help |

Application Deployment ▶

Manage Device Keys ▶

Configuration ▶

Device Capabilities　Ctrl+Shift+C

Connect　F5

Disconnect　Ctrl+F5

图6.4　从Target菜单选择Connect选项

输出区的响应文本以"Connecting to [Device Name] …Connected"格式显示。调试通道现已连接到MFDeploy的"控制台"窗口，所有调试文本都会显示在该窗口中。

MFDeploy并不完美，有时可能需要你开启调试输出功能。如果没有看到调试文本，则需要从Target菜单选择Device Capabilities选项。显示性能信息后，就可以看到调试文本了。

使用 MFDeploy 和 Visual Studio 时一定要注意，MFDeploy 连接到设备时，Visual Studio 不一定能检测到设备。一定要记住，选择 Target → Disconnect 断开 USB 通道，此时 Visual Studio 才能正常检测到设备。

"困"在 TinyBooter 模式

一些 MFDeploy 功能操作会重启设备并进入 TinyBooter 模式，造成设备不能恢复常态。在 Flash 配置区（ER_CONFIG）有一个标志，用来标识是否启动 TinyBooter，可以设置并保存为开机默认进入 TinyBooter 模式（即使硬件设定为 TinyCLR 模式）。超过一定的时间（一般是 2min），一些设备将自动恢复到 TinyCLR 模式。在使用 MFDeploy 后，如果发现 Visual Studio 提示"找不到设备"等部署类错误信息，可能该设备已停在 TinyBooter 模式中。要检查该故障，需连接 MFDeploy 并做 Ping 测试。如果检测结果为"Pinging…TinyBooter"，那么设备已停在 TinyBooter 模式中。如果一切正常，则 Ping 的响应结果应该为"TinyCLR"。

如果出现这类情况，可以使用 MFDeploy 对设备进行重置：从 MFDeploy 顶部的菜单选择 Plug in → Debug → Clear BootLoader Flag，做一个 Ping 测试以确认设置信息是否已重置，响应结果为"TinyCLR"表示设置成功。

2. 显示设备信息

使用MFDeploy显示加载在设备里的Micro Framework固件信息，就可以看到固件版本信息和硬件性能，如LCD控制器的显示设置。

从MFDeploy菜单中选择Target→Device Capabilities，在Console Output窗口显示已连接设备的属性，如图6.5所示。

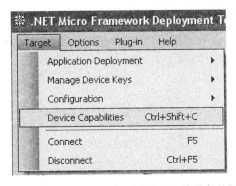

图6.5 在Console Output窗口显示已连接设备的属性

Sytech公司Nano主板的性能输出窗口，如图6.6所示。

```
ClrInfo.clrVendorInfo:                    NANO_MXL_G Device
Solutions Ltd
ClrInfo.targetFrameworkVersion:           4.1.2821.0
SolutionReleaseInfo.solutionVersion:      4.1.40912.54877
SolutionReleaseInfo.solutionVendorInfo:   NANO_MXL_G Device
Solutions Ltd
SoftwareVersion.BuildDate:                Jan  5 2012
SoftwareVersion.CompilerVersion:          310836
FloatingPoint:                            True
SourceLevelDebugging:                     True
ThreadCreateEx:                           True
LCD.Width:                                320
LCD.Height:                               240
LCD.BitsPerPixel:                         16
AppDomains:                               True
```

图6.6 设备性能输出

你还会看到已载入Flash的DLL库信息，包括操作系统本身含有的及任何用户部署到设备中的DLL和应用文件信息。要查看这些信息，依次选择Plug-in→Debug →Show

Device Info，如图6.7所示。

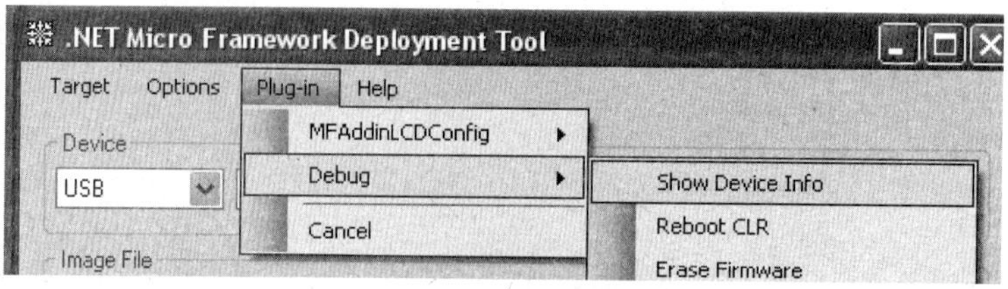

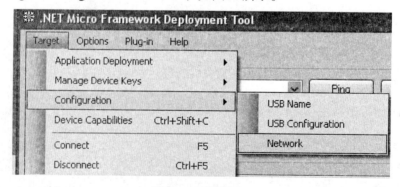

图6.7 查看已载入Flash的DLL库信息

图6.8显示了典型的设备信息输出。

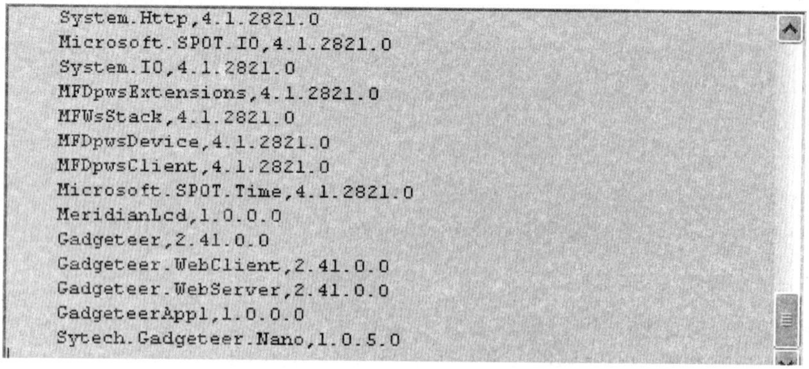

```
System.Http,4.1.2821.0
Microsoft.SPOT.IO,4.1.2821.0
System.IO,4.1.2821.0
MFDpwsExtensions,4.1.2821.0
MFWsStack,4.1.2821.0
MFDpwsDevice,4.1.2821.0
MFDpwsClient,4.1.2821.0
Microsoft.SPOT.Time,4.1.2821.0
MeridianLcd,1.0.0.0
Gadgeteer,2.41.0.0
Gadgeteer.WebClient,2.41.0.0
Gadgeteer.WebServer,2.41.0.0
GadgeteerAppl,1.0.0.0
Sytech.Gadgeteer.Nano,1.0.5.0
```

图6.8 MFDeploy设备信息输出

3. 网络设置

MFDeploy同样也可以进行网络相关配置。可以配置网络适配器和WLAN。如何设置取决于硬件的情况，这些设置可用在任何Gadgeteer Ethernet和WLAN模块中。这些硬件相关的设置，也可以在应用程序中更改。

选择Target→Configuration→Network，如图6.9所示。

图6.9 网络设置

执行该过程需要几秒钟，因为MFDeploy工具需要重启设备到TinyBooter模式，以便读写Flash配置。完成该过程后，显示Network Configuration对话框，如图6.10所示。在对话框中可查看所有当前的网络设置，可编辑和保存当前信息到Flash。

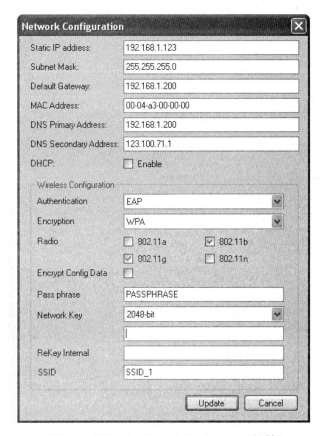

图6.10 MFDeploy Network Configuration对话框

4. 使用MFDeploy部署应用程序

通过MFDeploy部署应用程序，需要包含应用程序的文件。但是，所需要的文件必须是十六进制文件（二进制代码），并不是Visual Studio项目中创建的文件。你需要生成十六进制文件。

为此，先用Visual Studio部署应用程序。当应用程序成功部署到设备中后，打开MFDeploy并连接到设备。然后，使用MFDeploy从设备中获取应用程序的十六进制文件并保存到计算机。此后，二进制文件可作为一种部署应用程序到其他设备的主文件。

这些是二进制文件，代码会以入口点地址载入到绝对地址。文件仅能在同一类型并且安装相同版本 Micro Framework 固件的主板中使用。不同类型设备的内存映射地址不一定相同，在错误的位置部署应用程序可能导致 Flash 损坏。

Visual Studio需要先连接设备，然后才能把应用程序部署到设备中。

（1）连接设备到MFDeploy，选择Target→Application Deployment→Create Application Deployment，如图6.11所示。

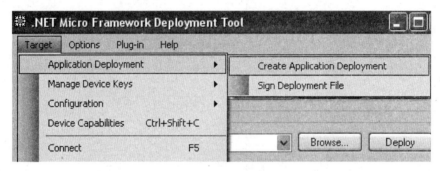

图6.11 部署应用程序（1）

（2）在Create Application Deployment对话框（图6.12）中，按下Browse按钮，打开一个标准的Windows文件对话框窗口。浏览想要的新文件保存位置并在对话框中输入文件名。

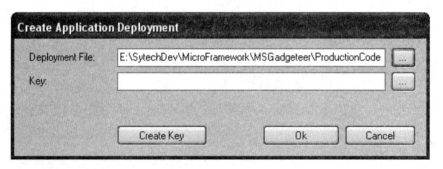

图6.12 部署应用程序（2）

（3）不对文件进行签名，单击OK按钮。

（4）进度条会显示进度，如图6.13所示。注意，进度条会很快达到98%，而剩余的2%需要几分钟才能完成，请耐心等待——程序并未崩溃。

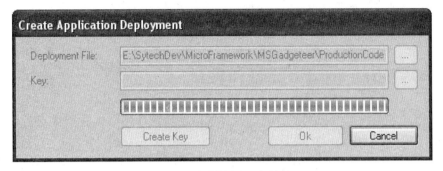

图6.13 部署应用程序（3）

（5）成功创建应用程序的二进制文件。

（6）配置应用程序到新设备中，并连接目标设备到MFDeploy。

（7）连接上新设备后，使用镜像文件管理区的Browse按钮查阅已创建的文件。选择窗口中的文件，单击Deploy按钮，将出现图6.14所示进度对话框。第一步，连接到设备，完成这一步骤需要一两分钟，因为必须重启设备到TinyBooter模式；第二步，部署应用程序；第三步，重启设备，恢复到TinyCLR模式。至此，已完成应用程序的部署。

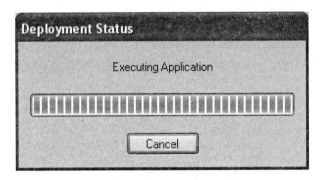

图6.14 部署应用程序（4）

用MFDeploy部署应用程序是一件相对繁杂和漫长的过程，北京叶帆易通科技公司的YFAccessFlash工具可以直接部署Visual Studio编译后的文件（*.pe文件，根据需要可同时部署多个）到Flash应用程序区（Deployment）。

——译者注

这样就完成了对MFDeploy的快速预览。我们并未谈及该程序的所有功能，但是现在你已见识过有助于调试和部署设备的几种关键功能。

6.3 用Visual Studio部署和调试

首要的步骤是调试应用程序。我们将创建一个用按钮模块实现的按钮输入和LED输出的简单应用程序。

 第2章简单介绍过创建新项目的步骤，因此，本节不会在这方面讨论过多细节。

（1）打开Visual Studio。

（2）选择New Project，在Gadgeteer模板区选择.NET Gadgeteer Application模板，创建新项目并打开Graphic Designer页面。

（3）添加Nano主板（任何主板都可以）和Button模块。

（4）使用设计器连接Button模块到主板（任何有效Socket都可以）。

（5）现在，添加测试应用程序到*Program.cs*文件。我们将添加响应按钮按下的代码，处理器将输出一些调试文本，并在每次按钮按下时切换LED的开/关。测试代码如下：

```
public partial class Program
    {
        //此方法在主板启动或重置时执行
        void ProgramStarted()
        {
            // 设置按钮按下处理器
            button.ButtonPressed += new
        Button.ButtonEventHandler(button_ButtonPressed);
            Debug.Print("Program Started");
        }
        /// <summary>
        /// 按钮按下处理器
        /// </summary>
        void button_ButtonPressed(Button sender,
```

```
        Button.Buttonstate state)
    {
        Debug.Print("Button pressed");
        button.ToggleLed();
        Debug.Print("Led is turned on :" + button.IsLedOn);
    }
}
```

我们添加了响应按钮按下的处理器方法。按下按钮后，调用处理器方法，Visual Studio输出窗口会显示一些调试文本："Button pressed"。接下来，切换LED状态：如果按钮是ON状态，LED关闭；如果按钮是OFF状态，LED开启。然后，发送其他调试文本到输出窗口，以显示LED开/关。

6.3.1　编译项目

现在开始编译项目。

（1）在Project Explorer窗口中，右击项目名并选择Build。编译结果将成功显示在Visual Studio输出窗口中，如图6.15所示。

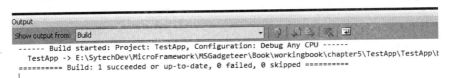

图6.15　编译项目

（2）连接测试设备到计算机，依次完成以下步骤：在Project Explorer中右键单击项目，从右键菜单中选择Debug→Start New Instance；按F5或设置目标项目为默认项目，右键单击项目并选择Set As Startup Project。完成这些步骤，将部署应用程序到设备中并启动调试器。

如果仅有一个项目在Solution Explorer中，按Play按钮可以部署和调试Solution Explorer中的主要项目（粗体文本表示）。

在这个过程中，Visual Studio输出窗口会显示整个信息流。你还会看到设备重启、应用程序部署到设备中、每个已部署的DLL等一系列信息。最后，调试器加载每个DLL，应用程序启动。

应用程序启动时，Gadgeteer内核输出一行文本到输出窗口，显示主板名称和版本，你会看到一行调试本文——"Program Started"。现在，应用程序正在运行，等候按钮按下。

按下按钮将切换LED状态，并从按钮处理器输出调试文本。图6.16显示了按下按钮后调试输出区。

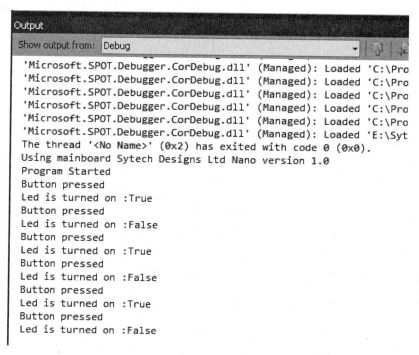

图6.16   输出区的调试文本

要停止Visual Studio调试器，可以按下蓝色的Stop按钮、选择Debug→Stop Debugging或按Shift-F5。

这些过程显示了工具箱中最基本的调试工具——输出文本，接下来我们将探讨更强大的调试手段。

6.3.2   设置断点

现在开始设置断点。

（1）在Visual Studio中的*Program.cs*页面上，找到按钮按下处理器的首行代码——`Debug.Print("Button pressed")`。左键单击该行的左边界，会显示一个红褐色的框，框中的代码行被高亮，如图6.17所示。这就是我们要讲的断点。当代码执行到断点时，会立即停止并将执行工作移交给调试器。

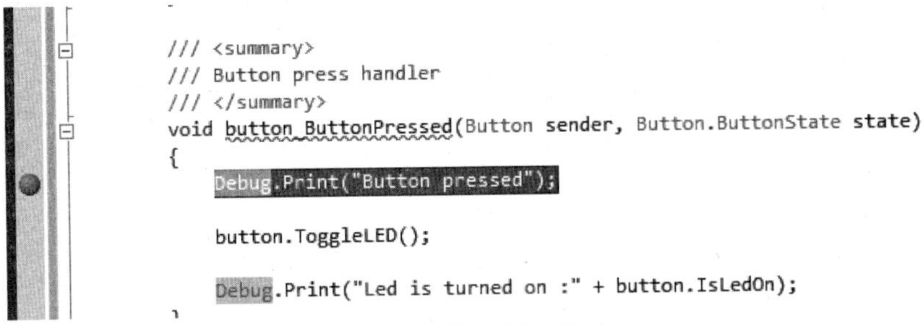

```
/// <summary>
/// Button press handler
/// </summary>
void button_ButtonPressed(Button sender, Button.ButtonState state)
{
    Debug.Print("Button pressed");

    button.ToggleLED();

    Debug.Print("Led is turned on :" + button.IsLedOn);
```

图6.17 设置断点（1）

（2）重新启动调试器（按F5），应用程序将部署并在调试模式下开始运行。当代码运行到断点位置时，中止运行。下一步，将执行到的代码标识为黄色（设置断点的位置），并且在左边界会出现标记箭头，如图6.18所示。

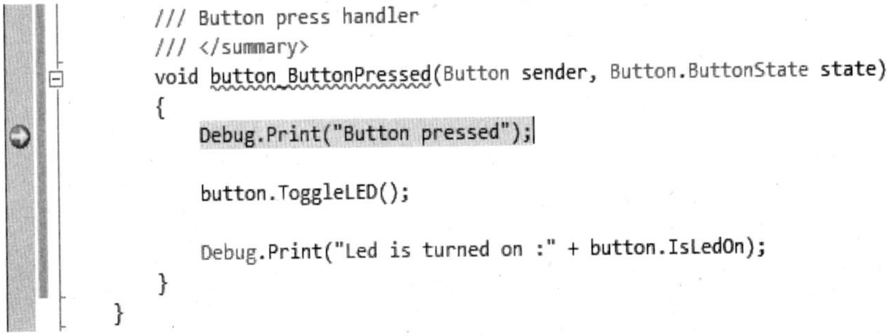

```
/// Button press handler
/// </summary>
void button_ButtonPressed(Button sender, Button.ButtonState state)
{
    Debug.Print("Button pressed");

    button.ToggleLED();

    Debug.Print("Led is turned on :" + button.IsLedOn);
    }
}
```

图6.18 设置断点

现在，我们可以进行实时变量检测。button是一个对象，我们可以检查它的所有属性。

（3）将光标悬停在button所在的黄色高亮代码行上，会弹出下拉框，显示一个带有"+"符号的按钮{button}。单击+符号打开属性列表。

（4）现在，可以看到当前button对象的所有属性，如图6.19所示。其中一项属性（IsLedOn）显示了LED的状态。在图中，你还能看到当前LED在0x00000001指令时处于开启状态。这是一个布尔值，要么为"真"，要么为"假"，真值表示非零数，假值表示零。

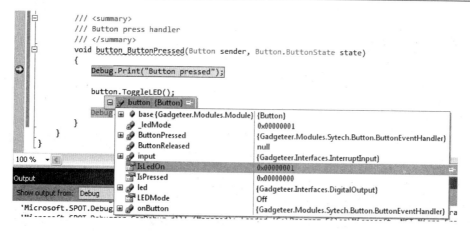

图6.19 当前button对象的所有属性

还有一个更便捷的窗口，可以在其中打开变量或类的实例，检验甚至修改相关属性。这就是QuickWatch窗口。右键单击button并从右键菜单中选择Quickwatch，就会看到QuickWatch对话框，如图6.20所示。点击+符号，将显示button属性。你甚至可以选择一项当前可写的属性对其值进行变更。QuickWatch是一项临时功能，有两种方式添加永久监视对话框：点击Add Watch按钮，或右键点击变量并选择AddWatch。

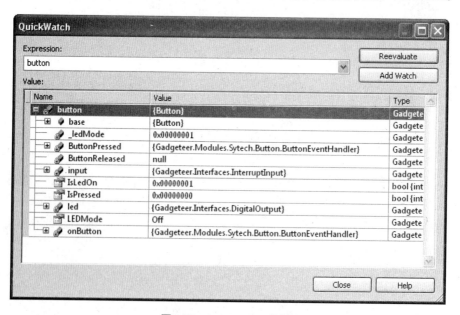

图6.20 QuickWatch对话框

6.3.3　立即执行

监视对话框可查看并更改变量值，甚至可以在调试器中执行方法。例如，当前LED处于开启状态时，调用`button.ToggleLed()`可将其状态更改为关闭。

在Immediate Execution中，你可以立即运行代码（同时，调试器处于停止或暂停状态）。在Visual Studio屏幕底部，可以看到Immediate窗口。如果不可见，请选择Debug→Windows→Immediate（或按Ctrl-Alt-I）。

在Immediate窗口中（我们仍在断点状态）输入`button. ToggleLed()`之后，按Enter键，如图6.21所示。注意：在Immediate窗口中，IntelliSense功能可正常使用。这将可以直接调用`button`实例，切换LED状态。

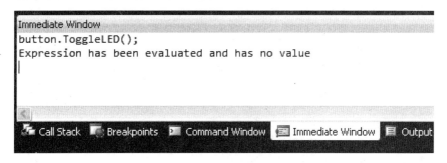

图6.21　调用button实例切换LED状态

如果现在返回并检查`button`实例，查看`IsLedOn`属性，你会发现LED状态为OFF。如果查看硬件，你会发现LED也关闭了。

在指定的断点停止执行，检查和修改变量值，直接执行新的代码（虽然系统已经中止代码执行）。这些调试能力都是极其强大的。

6.3.4　单步执行代码和移动执行点

当前应用程序代码停止在断点处。现在可以跳到下一行代码，如果是调用其他方法的代码，单步执行下一行。为此，你可以使用调试器工具栏的"进入"或"跳过"，也可以按F11进入该方法、按F10跳过它。使用"跳过"功能跳过接下来的两行代码，最终停在按钮处理器代码的`Debug.Print`这一行。执行"跳过"时，代码实际上一直在执行——注意：跳过`button.ToggleLed()`行实际上已改变LED状态。

即将执行的下一行标记为黄色高亮，其边界处会带有黄色箭头。将鼠标的光标放置在箭头标志上并左键单击，可以向前或向后移动执行点。你可以向后（向上）移动执行点，实际执行上一行代码以再次切换LED。你也可以使用这个方法跳过一段代码，移动执行点并跳过，而不实际执行代码。你还可以跳过有特定条件的代码，以强制执行不同条件的代码和单步执行代码来进行测试。

6.3.5　Visual Studio的更多特性

我们仅仅简单介绍了调试器的一些主要特性，但还有很多特性并未进行讨论。如条件断点特性，可对实际断点设置命中条件；堆栈跟踪特性，会在Stack Trace窗口显示当前程序依次执行过的所有方法；线程监控特性，会在Threading窗口显示应用程序中的活跃线程，甚至功能强大到可以锁定线程（中止线程执行）。如需要进一步了解其他特性，请参考Visual Studio调试器的帮助文档。

学习Visual Studio调试最好的方法，就是在实践中学习，多动手、勤调试。

第**7**章
编写Gadgeteer应用程序

在开发Gadgeteer应用程序之前，本章将会分别介绍如何编写普通嵌入式项目和Gadgeteer项目的应用程序。首先，我们会从普通编程模式入手，然后应用到Gadgeteer项目。

7.1　过程式和事件驱动式应用程序

开发应用程序有两种基本的开发流程方式：过程式（同步）与事件驱动式（异步）。

下面举例说明过程式程序是如何工作的：

（1）执行功能1；

（2）执行功能2；

（3）执行功能3。

程序甚至会一直重复这一过程（Func1,Func2, Func3,Func1,Func2,…）。

每个功能都有起始点和结束点，前一个功能执行完毕后，才会执行下一个功能；然而，在前一个功能还没有执行完之前，是不会执行下一个功能的，这样运行的代码就称为过程式程序。

接下来的例子说明事件驱动式程序是如何工作的：

（1）如果发生动作1，执行功能1；

（2）如果发生动作2，执行功能2；

（3）如果发生动作3，执行功能3。

这里没有起始点与结束点，所有功能的执行都取决于动作的发生，如按钮按下或传感器触发。

在实现Gadgeteer应用程序时，应优先使用事件驱动式。程序将根据温度的改变、开关的切换等事件执行。

事件驱动式应用程序看起来似乎比过程式更复杂，后者对嵌入式控制应用来说是更好的解决方案。但是，随着应用需求变得更加复杂或更加重要，过程式程序后续的扩展很是问题。

举例来说，某应用利用GPS追踪一个货柜从A地到B地间的移动位置。当前位置将会被送到后台Web服务器，并将位置与相关信息显示在地图上。由于此应用主要用电池供电，所以需要考虑当货柜长时间停止移动时，设备应进入省电休眠模式，并且可以自动判断货柜是否重新开始移动。这样的应用需要用GSM（Global System for Mobile Communications）模块将坐标位置信息通过网络传送到后台Web服务器，利用GPS取得当前位置，并且使用加速度计判断货柜的移动。下面，我们为上述开发情境加入一些实际功能，并分别使用两种开发方式，来理解整个应用程序开发的过程，以比较事件驱动式与过程式程序开发的异同。

7.1.1 基本设计流程：过程式与事件驱动式的对比

1. 过程式开发流程

（1）利用GPS接收器获取当前位置信息；

（2）计算货柜的位置变化；

（3）如果位置变化了，将数据上传到后台Web服务器；

（4）回到步骤（1）。

2. 驱动式的开发流程

（1）接收到GPS的位置信息后，计算货柜的位置变化；

（2）如果位置变化了，将会生成positionChanged事件；

（3）在positionChanged事件里，如果位置变化大于x米，则将新位置信息上传到后台Web服务器。

7.1.2 电池省电设计

由于我们的应用是用电池来供电的，因此电量的耗损是一个相当重要的因素。在过程式程序中，即使货柜在停止状态下，处理器也会一直连续工作。但是，在事件驱动式程序中，处理器只会在某事件发生时才会工作。在这个例子中，GPS会每秒读取一次NMEA（National Marine Electronics Association）信号，即处理器也将每秒不间断地工作，因此在这种状况下两者的比较是没有意义的。

现在，重新调整我们的思路，修改上述流程来设计一个节能的GPS定位系统应用。首先，结合GPS的信息与加速度计检测货柜是否长时间停止与何时开始移动。

　　加速度是速度的改变量，当货柜以等速前进时，加速度的值会是0G，你会误以为货柜是静止不动的。同样的道理，当货柜静止时，GPS的坐标位置不是固定的，而会在几米的范围内飘移，此时你会误以为货柜在移动。因此，要结合两者的特性来实现该GPS定位系统应用。

当货柜停止移动时，GPS与GSM模块进入省电状态，并停止传送数据；当货柜开始移动时，随即开启电源回到工作模式。

假设货柜必须要停止移动10min后系统才会进入休眠模式，我们利用一个moved标志变量记录货柜是否移动，如果变量连续10min皆为"假"，则启动休眠模式。

1. 过程式程序代码流程

（1）使用GPS接收器获取货柜当前位置信息。

（2）计算货柜位置变化。

（3）如果货柜位置改变了，发送数据到Web服务器，设定moved标志，回到步骤（1）。

（4）如果货柜位置没有改变，执行以下步骤。

①如果moved标志为"真"，重设为"假"，记录当前时间，回到步骤（1），如果moved标志为"假"，执行步骤②。

②检查当前时间：如果连续停止时间超过10min，执行步骤a，否则回到步骤（1）。

a. 将设备设为休眠模式。

b. 在休眠模式中，检查加速度计的值。

c. 如果没有检测到移动，则回到步骤a，否则执行步骤d。

d. 如果检测到移动，启动电源。

e. 设定moved标志为"真"，回到步骤（1）。

2. 事件驱动式程序代码流程

事件驱动式将程序代码切成几个独立的部分，提供了较简单与详尽的测试，在调试上也较为方便。该程序里加入了一个每30s触发一次OnTimer Tick事件的定时器、一个moved标志，一个stopCount变量。

（1）接收到GPS数据后，计算位置变化。若位置改变了，则触发positionChanged

事件。

（2）在positionChanged事件里，如果位置变化大于x米，则将新位置信息上传到后台Web服务器。此时将moved标志更新为"真"，stopCount重置为0。如果位置没有改变，则将moved标志设为"假"。

（3）OnTimer Tick设为每30s触发一次，如果moved标志为"假"，则stopCount的值加1；如果stopCount为20（20×30s=600s=10min），则触发OnStoppedEvent事件。

（4）OnStoppedEvent将设备设成休眠模式。

（5）如果加速度计检测到移动，则启动电源，否则继续休眠状态。

应用程序检测到货柜停止移动10min后，把GPS和GSM置为休眠模式，并通过加速度计监视移动。如果应用程序检测到货柜移动，则启动电源，继续工作模式，直到货柜再次停止移动。这里的停止检测是非常简单的，如果在现实世界中测试，该应用程序还需要大量的完善工作。

问题的关键是，我们只做了少量的简易修改。过程式程序需要在循环里再加入循环，实现起来比较复杂。而在事件驱动式程序中，只需要加入少量的事件。每个事件和处理器都由独立的代码构成，通过一些变量与其他事件交互，所以我们可以继续维持"规则"与"实现"的分离。如果我们需要修改货柜停止的时间或者检测货柜停止的规则，事件驱动式提供了一个较简易且独立的机制来完成，且不会影响到其他程序代码与整个程序的架构。当程序的复杂度提升时，这样的好处和过程式相比更是显而易见的。

我们的应对措施是不依赖于该动作的发生，直接连接或耦合到产生事件的代码。现在，我们可以修改生成事件的规则，独立处理该事件的代码。

7.2 Gadgeteer应用程序流程

.NET Micro Framework 和Gadgeteer皆为事件驱动式框架，目的是降低事件驱动式编程难度。然而，多数应用解决方案中，混合使用过程式与事件驱动式的方式更好。以下将说明如何在Gadgeteer应用里采用这两种编程模式。

7.2.1　Gadgeteer应用模板

我们可以使用Gadgeteer Visual Studio的Application Project模板创建应用。使用模板的好处就是它会帮你直接创建项目，并允许我们使用Visual Designer选择所需的主板与模块。

第一步就是连接主板与模块对应的Socket（具体内容参见第2章），设计器自动生成*Program.generated.cs*与*Program.cs*代码文件，并将它们添加到项目。这个步骤还会添加项目所需的Micro Framework、 Gadgeteer、主板和模块库的引用。*Program.generated.cs*文件受控于设计器，它会保留主板和模块的全局实例，还初始化和连接模块到主板。这些都是由Main()方法实现的，Main()方法也是应用程序的入口点。*Program.generated.cs*与*Program.cs*同属于Program类，但是分成两个文件，我们的代码入口在*Program.cs*文件中添加。

　　不要修改 *Program.generated.cs*。该文件由设计器维护，因此设计器会覆盖你在这里添加的任何更改。

Main()方法主要执行下列操作：

（1）创建主板；

（2）创建基本应用程序；

（3）初始化设计器添加的模块；

（4）调用ProgramStarted()方法；

（5）调用Program.Run()方法，启动应用程序。

下面为典型的*Program.generated.cs*代码示例：

```
public partial class Program : Gadgeteer.Program
{
    // GTM.Module 定义
    Gadgeteer.Modules.Sytech.Serial2USB serial2USB;
    public static void Main()
    {
    //首先初始化主板很重要
        Mainboard = new Sytech.Gadgeteer.Nano();
        Program program = new Program();
```

```
        program.InitializeModules();
        program.ProgramStarted();
        program.Run(); // 开始运行
    }
    private void InitializeModules()
    {
        //初始化GTM.Modules和事件处理器
        serial2USB = new GTM.Sytech.Serial2USB(2);
    }
}
```

下面的清单是在我们尚未添加任何代码之前，由设计器生成的*Program.cs*里的程序
代码。

```
public partial class Program
{
    // 此方法在启动主板或重置主板时执行
    void ProgramStarted()
    {
    /*******************************************************************
        在Program.gadgeteer设计器视图中，当你键入模块名称及.符号后，如button.或
        camera.，许多模块会生成有用的事件。键入+=<tab><tab>为某一事件添加处理器，
        例如：
            button.ButtonPressed+=<tab><tab>
        如果你想让程序周期性执行，可以采用GT.Timer并处理其Tick事件，例如：
            GT.Timer timer = new GT.Timer(1000); //每秒（即1000ms）
            timer.Tick +=<tab><tab>
            timer.Start();
    *******************************************************************/
    // 在调试过程中使用Debug.Print事件将信息显示在Visual Studio输出窗口
        Debug.Print("Program Started");
    }
}
```

如前所述，Gadgeteer/Micro Framework .NET应用程序是事件驱动式的。设计器生
成的应用程序设置环境，创建并连接模块，并提交给我们的应用程序，所以我们可以
按需安装——步骤（4），调用ProgramStarted()方法。下一步也是最后一步，开
始执行循环（Program.Run），这是我们的应用程序代码运行的地方。这个执行循环

一直运行下去。应用程序代码要在主程序执行循环运行后启动操作

*Program.cs*文件中的`ProgramStarted()`方法是主要的程序代码，一些必要的设定必须在这里完成初始化。`ProgramStarted()`方法通常做一些初始化工作，如为我们的模块添加事件处理器连接。在初始化后，`ProgramStarted()`方法就会退出，`Main()`方法此时会调用`Program.Run()`方法，这也是最后一个步骤，程序将会不断循环运行。基本上，我们的应用程序逻辑都写在事件处理器里，事件触发后的动作也在事件里执行。就像之前所说的，在这样的事件驱动式程序下是没有一个确定的入口点的，程序开始于第一次事件触发。

7.2.2 应用程序线程

底层应用类的程序主要在Micro Framework内核线程中执行。这个线程是TinyCLR用来管理整个Framework用的。所有的Windows类与WPF图形组件也都由该线程控制与渲染。

建议Gadgeteer模块开发者确保事件处理器在主线程里执行，因为这样可以保证事件处理器内的程序可以正常更新文本框等Windows图形组件，更新代码通常在主线程里调用，这样可以确保图形组件正常渲染到屏幕。但需要知道，如果你在主线程长时间执行一个内容复杂或较长的方法，将会拖慢底层框架的速度，甚至是中断系统运行。

如果某段代码在一个紧凑的循环里执行，如持续读取数组中的数据并找出起始数据与结束数据，像这类应用就应该在其自己的线程里完成，这样可以避免对主线程造成不良影响。然而，如果在新线程里更新图形组件，Gadgeteer库文件提供了一些简单的机制，让你可以方便在主线程与新线程中做数据交换或调用。在不同线程里执行程序并不如想象中困难，我们所要做的只是分割CPU的运行时间，将任务分配在不同的时间段里执行而已。

创建新线程是件简单的事，你要做的就是创建一个新的`Thread`类实例，并以委托初始化。这个方法会在新线程里执行。一旦该线程被初始化，只要调用`thread.Start`就会执行线程里的代码。下面的代码示例展示了如何创建新线程并说明如何在循环里执行代码，也说明线程是如何结束的。

```csharp
using Microsoft.SPOT;
using System.Threading;
namespace EmptyApp
{
    class threadDemo
    {
        private Thread m_thread;
        private bool m_threadRun;
        public threadDemo()
        {
            m_thread = new Thread(DoWork);
            m_threadRun = false;
        }
        /// <summary>
        ///启动该线程，在需要的情况下同时创建一个新线程
        /// </summary>
        public void StartThread()
        {
            if (m_threadRun == false)
            {
                if ( m_thread == null)
                {
                    m_thread = new Thread(DoWork);
                }
                m_threadRun = true;
                m_thread.Start();
            }
        }
        /// <summary>
        /// 实现线程的中断功能
        /// </summary>
        public void StopThread()
        {
            m_threadRun = false;
        }
        /// <summary>
        /// 这是线程的部分代码
        /// </summary>
```

```
private void DoWork()
{
    while (m_threadRun)
    {
        // 此处为你自己添加的代码
    }
    m_thread = null;
    Debug.Print("Thread has finished");
}
```

在这个例子里，我们可以允许线程停止或重启。当变量m_threadRun为真时，循环里的代码持续运行；当m_threadRun为假时，线程停止运行。

方法DoWork会在主线程以外的线程执行。也就是说，这个线程是整个应用程序的时间片段里所切割的线程的其中一部分，这是基本的执行续运行的方式。

你应该去了解其他种类执行续运行的方式，如不同线程间变量的同步。举例来说，两个不同的线程都试着去改变同一个变量的值，为了避免这种情形，你必须锁住对象，确保只有一个线程能访问它们，另一个线程必须等到这个对象释放时才能访问。但是，这是一个更深层次的话题，请参考其他高级的C#编程相关书籍。

7.2.3　类与项目代码文件

我建议你将程序分成多个类，这样会使你的代码更为简洁。尽量不要把所有代码都写在*Program.cs*这个文件里，事实上我建议你只把初始化所需的代码放在这里。将应用程序分类实现，然后在ProgramStarted方法里实例化。

我们的GPS追踪货柜示例采用了下面的物理模块：

- 主板
- GPS 模块
- GSM 模块
- 加速度计模块

首先，你需要按照不同功能要求来定义对应的类，如PositionHandler类用于加速度计与GPS，Communications类用于GSM模块。然后，你还要定义一个应用程序类(TrackerApp)使用上述两个类。这样可以将应用程序所需的功能按照不同需求分别剥离出来，提高使用上的灵活性。

这个应用程序需要知道货柜是否移动，因此，PositionHandler类仅仅需要提供货柜是否移动的信息就够了：如果移动了，则会触发OnPositionMoved事件。

在ProgramStarted方法里创建一个应用程序类新实例，并传递给GSM模块、GPS模块与加速度计模块（Gadgeteer设计器创建）的实例。而在你的应用程序类里，也会创建一个新的PositionHandler类实例，并传递给GPS模块与加速度计模块的实例。另外，也会创建一个Communications类实例，传递给GSM模块的实例。

接着在应用程序类里跟踪事件，等待事件触发。这样以不同类构成的开发模式有助于整个程序开发的各个方面，并且可以提高调试的效率。

图7.1为这个示例的类架构图，下面为*Program.cs*的代码示例。

```
public partial class Program
    {
        private TrackerApp trackerApp;
        // 此方法在主板启动或重置时执行
        void ProgramStarted()
        {
            trackerApp = new TrackerApp(gps, gsm, accell);
            trackerApp.Start();
            // 在调试时，使用Debug.Print方法将信息显示在Visual Studio输出窗口
            Debug.Print("Program Started");
        }
    }
```

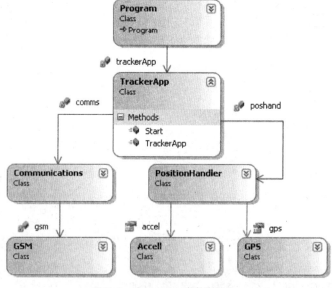

图 7.1　Tracker类架构图

下面是*TrackerApp.cs*代码：

```
public class TrackerApp
    {
        private PositionHandler poshand;
        private Communications comms;
        public TrackerApp(GPS gpsMod, GSM gsmMod, Accell accellMod)
        {
            poshand = new PositionHandler(gpsMod, accellMod);
            comms = new Communications(gsmMod);
            //在此处挂起事件处理器
        }
        public void Start(){}
    }
```

下面是PositionHandler类代码：

```
public class PositionHandler
    {
        public event EventHandler OnPositionChanged;
        public event EventHandler OnStationary;
        public PositionHandler(GPS gpsMod, Accell accellMod)
        {
            gps = gpsMod;
            accel = accellMod;
        }
        public void Start(){}
        public GPS gps{}
        public Accell accel{}
    }
```

最后，Communications类代码：

```
public class Communications
    {
        private GSM gsm;
        public Communications(GSM gsmMod)
        {
            gsm = gsmMod;
        }
        public void SendPosition(){}
    }
```

现在，可以利用这些类来完成我们的工作。每个类都可以独立运行，因此从PositionHandler到TrackerApp类你都可以单独测试。例如，在PositionHandler类中，你可以利用虚拟的GPS数据来测试这个类是否可以顺利运行。

7.2.4 使用过程式代码

就像之前所提到的，我们可以在应用中整合过程式与事件驱动式代码。如果应用程序的主循环是过程式开发模式，则我们需要一个合适的程序入口点。虽然主程序是过程式，但是肯定会有模块与其连接，可以进入主程序里修改其内容，如当按钮按下时。所以，我们可以在应用项目里混合使用这两种设计模式。

比如，ProgramStarted()方法需要全部执行，然后退出。也正是如此，Main()方法才能调用Program.Run()方法，否则，应用程序框架永远不会启动。当然，整个应用程序全部采用事件驱动式是不会有上述问题的。如果我们在ProgramStarted放置过程式代码，通常会在无穷循环里运行，而永远不会跳出，因而不会去调用program.Run启动程序。所以，我们要在program.Run调用后才使用过程式代码，在开始你的过程式代码之前，要等待应用程序启动后，也就是program.Run调用后。

这里举例说明，下面是反复执行的应用程序流程：

（1）执行功能A；

（2）执行功能B；

（3）执行功能C；

（4）回到步骤（1）。

如果将其放在ProgramStarted里，代码如下：

```
public partial class Program
    {
        // 此方法在主板启动或重置时执行
        void ProgramStarted()
        {
        button.ButtonPressed += new
    Button.ButtonEventHandler(button_ButtonPressed);
        button.LEDMode = Button.LEDModes.ToggleWhenPressed;
        while (true)
        {
            DoFunction1();
            DoFunction2();
```

```
            DoFunction3();
        }
    //决不会跳过该点
    // 在调试时,使用Debug.Print事件将信息显示在Visual Studio输出窗口
    Debug.Print("Program Started");
    }
    void button_ButtonPressed(Button sender, Button.Buttonstate
      state)
    {
        Debug.Print("Button Pressed");
    }
    void DoFunction1()
    {}
    void DoFunction2()
    {}
    void DoFunction3()
    {}
}
```

如你所见，这段程序代码不会跳出ProgramStarted，所以Main()方法也不会调用program.Run()。这意味着Micro Framework应用层不会执行，下层的操作系统也不会执行，因此按钮事件也不会触发。如果Gadgeteer或Micro Framework没有启动，任何事件都不会触发。

在这样的状况下，你需要将这个循环放在主线程执行后才会执行到的位置。其中一个方法是使用定时器，设计成一次性延迟，从ProgramStarted启动。也就是说，将循环放在Tick处理器里，在ProgramStarted执行完成后，Main()调用program.Run，此时定时器的Tick事件才会触发，执行里面的循环。

然而，还有一些小地方要注意，你的循环需要在另一个线程里执行，而Gadgeteer定时器Tick是在主线程里执行的，如果在其中放置一个无穷循环，将会锁住整个Micro Framework操作系统，造成你无法得到足够的使用资源。即使你在代码里使用Thread.Sleep(x)方法也没有帮助，因为，这只会使线程暂停。因此，你需要将无穷循环代码放在非主线程里。

在执行无穷循环的过程式代码时，要认真考虑：

（1）无穷循环代码需要在program.Run被调用后才开始执行；

（2）无穷循环代码需要在非主线程里执行。

如果你要在program.Run调用后使用定时器，不要使用Gadgeteer定时器，而要使用System.Threading定时器。Gadgeteer定时器会将Tick事件处理器置于主线程中，而你需要在不同的线程中执行。如果使用.NET定时器，Tick事件处理器将会在一个新的线程里执行。较简单的方法是创建一个新线程，在这里执行你的无穷循环代码将不会影响到主线程的运行。

接下来，我们将之前示例里的过程式代码移到SequentialApp类里。把代码放进类，并且保存于独立的文件里是个好习惯，因为当你的项目越来越复杂时，这会有效地帮助你调试。这也可以提高程序的可用性，不同的项目可以共享相同的代码。

当我们调用StartApp时，也就创建了一个新线程，执行我们的过程式代码。

下面是一个在其自已的线程里的过程式应用程序示例，代码如下：

```
public partial class Program
    {
        private SequentialApp m_app;
        //此方法在主板启动或重置时执行
        void ProgramStarted()
        {
            button.ButtonPressed +=
            new Button.ButtonEventHandler(button_ButtonPressed);
            button.LEDMode = Button.LEDModes.ToggleWhenPressed;
            m_app = new SequentialApp();
            m_app.StartApp();
            //在调试时，使用Debug.Print事件将信息显示在Visual Studio输出窗口
            Debug.Print("Program Started");
        }
        void button_ButtonPressed(Button sender, Button.Buttonstate
          state)
        {
            m_app.ButtonPressed();
        }
    }
```

下面是虚拟的过程式应用程序代码类：

```
public class SequentialApp
    {
        private bool test;
        private Thread m_thread;
```

```
public void StartApp()
{
    m_thread = new Thread(dowork);
    m_thread.Start();
}
private void dowork()
{
    while (true)
    {
        DoFunction1();
        DoFunction2();
        DoFunction3();
    }

    public void ButtonPressed()
{
    //按钮按下将改变应用程序执行流程
    Debug.Print("Button Pressed");
}
void DoFunction1()
{}
void DoFunction2()
{}
void DoFunction3()
{}
}
```

  SequentialApp类在ProgramStarted中创建，接着调用m_app.StartApp方法。这个方法创建了一个新线程——DoWork()，无穷循环的过程式代码就在该线程里执行。因为不在同一个线程里执行，在调用m_thread.Start()后，离开ProgramStarted方法，Main()方法就可以去开始执行应用程序的主线程。当按钮按下后，按钮事件被触发，按钮事件处理器里将会调用SequentialApp里的方法。这个方法还是在主线程里执行，而不是在新线程里执行。

7.3 小 结

本章介绍了如何生成Gadgeteer应用程序，以及如何设计应用程序代码的架构。你看到了Gadgeteer是以事件驱动为主的程序，而不是过程式。我们也介绍了线程的概念及其使用方法。接下来的章节将会利用几个简单的示例来说明不同模块的使用方法。

第 **8** 章
数据输入/输出项目

本章将会在多个项目中探讨数据输入/输出模块的使用。一般而言,这些项目会介绍如何使用GPIO、模拟输入/输出、I²C、SPI接口。

从应用角度来看,模块使用哪种接口其实并无太大关系。例如,以加速度计模块来说,它可以用SPI或I²C通信,应用层只需要调用相关接口,获得每轴的G值就行了,所有底层接口都是由驱动程序来实现,应用层只需考虑如何使用。

本章将会用结构化的方式设计应用程序,还会用较弹性的设计来测试,并以不同的需求变化来扩展应用。

我们将会用到多个模块,每个模块或传感器都会用一个单独的项目来测试,并开发成可复用的组件类。最后,我们会将所有单独的项目全部整合在一个方案里,建立一个完整的系统。我们会针对单独的模块编写代码,然后在最终的整合项目中复用这些代码。每个项目都会探讨用Micro Framework、.NET与Gadgeteer Framework编程。

首先在Visual Studio中生成一个空方案,以保留我们的项目。

8.1 在Visual Studio Express里创建空方案

Visual Studio Express版本与Premium版本在保存新项目方面是不同的,Visual Studio Express保存新项目的动作在创建项目的最后执行,而不是在一开始。它也不支持创建空方案的模板。方案是一个可以包含多个项目的容器。Express在创建新项目的同时也生成了一个与项目同名的方案。然而,我们需要一个空方案,并且要跟里面的项目不同名,这样有助于我们用结构化方法编写大型项目的代码。在Premium版本中,由于有空方案模板可以使用,相对来说比较容易,但是Studio Express版本则需使用迂回的做法才能完成上述工作。在Express版本里有空项目模板可以使用,因此我们可以创建一个方案并放入一个空项目,方案依据需要命名,接着删除那个空项目,之后就可以加入会用到的项目了。这样可以使开发工作较为有序,方案名称也就是我们整个方案的

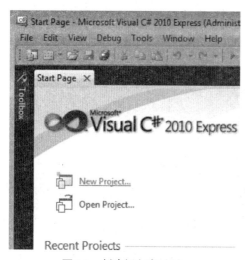

图8.1 创建新方案（1）

名称，里面包含完成工作所需的各个项目。

接下来，让我们一步步地为所要开发的一系列项目创建新方案。

（1）打开Visual Studio并选择New Project，如图8.1所示。

（2）在Visual Studio New Project对话框（图8.2）左侧Installed Templates分项下选择Empty Project，在Name区域输入Chapter8，按下OK按钮到下一步。

在Solution Explorer里可以看到新创建的方案Chapter8（图8.3），模板也同时创建了一个默认的同名项目Chapter8。然而，我们需要的是一个空项目，因此把这个项目移除。

图8.2 创建新方案（2）

（3）当方案里只有一个项目时，Visual Studio Express是不会允许我们移除它的。因此，我们必须先加入一个实际使用的项目（SPI Display Demo）。在Solution Explorer的项目名称上右键单击，选择Add→New Project，如图8.4所示。

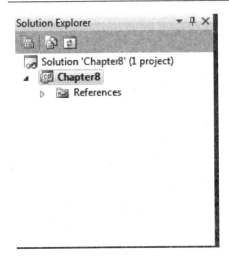

图8.3 创建新方案（3）

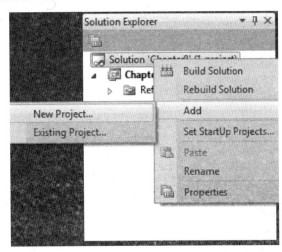

图8.4 创建新方案（4）

（4）Visual Studio将会跳出一个对话框（图8.5），提示当前项目必须储存，点击Save按钮。

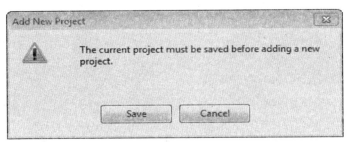

图8.5 创建新方案（5）

（5）在Save Project对话框（图8.6）里选择你要储存的文件路径，并勾选"Create directory for solution"。这会创建方案文件夹，将所有项目放入该文件夹中。接着，点击Save按钮。

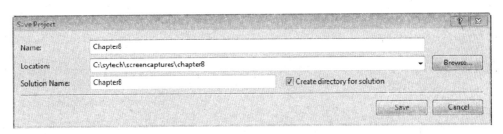

图8.6 创建新方案（6）

（6）在Add New Project底部，你会看到项目的路径。在Installed Templates区选择Gadgeteer模板，接着在中间面板选择.NET Gadgeteer Application模板，将项目命名为SPIDisplayDemo，如图8.7所示。

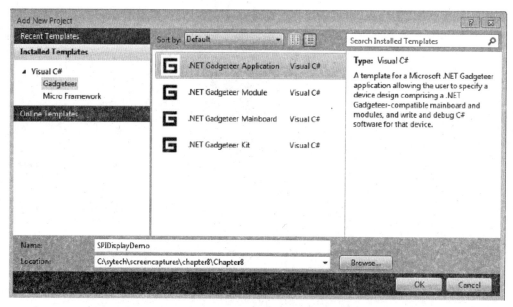

图8.7 创建新方案（7）

（7）新项目将会添加到方案里，现在我们可以将之前不需要的"假"项目Chapter8移除。如图8.8所示，在项目名称上右键单击并选择Remove就可以移除项目了。

（8）跳出图8.9所示警告对话框，提示项目将移除，单击OK按钮。

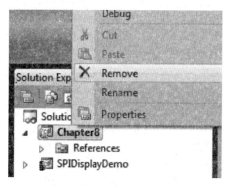

图8.8 创建新方案（8）

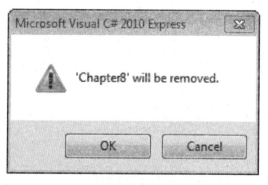

图8.9 创建新方案（9）

现在，在Solution Explorer的新方案Chapter8里可以看到我们的Gadgeteer新项目SPIDisplayDemo了，如图8.10所示。

创建一个里面包含了各种所需项目的方案，可使整个代码更有序，并且代码都存在于各个分离的项目文件夹里，分组储存于方案文件夹中。给方案或项目命名有助你日后检索时，可以清楚地知道里面包含了哪些东西，这也是创建可复用代码的基础。

接下来，让我们添加一系列的项目吧。

图8.10　创建新方案（10）

8.2　SPI显示器模块：使用项目资源文件

这个SPI项目，虽然我们使用了Seeed OLED SPI显示器模块，但是你也可以使用其他SPI显示器模块来取代。这是一个128px × 128px的小型显示器。

这个模块使用SPI接口与主板连接。模块的驱动程序处理了所有底层关于控制显示器的细节。系统固件暴露了一个Gadgeteer SimpleGraphics接口，用来将原始图像数据转换为显示器兼容的格式，取代底层Micro Framework "绘制"程序，进而将图形图像数据传输到显示器。这使得一些原生不支持LCD显示器的主板也可以显示器。

　　　　　　理想情况下，主板应支持原生 C / C++ 代码的位图转换程序。这是 Gadgeteer 的扩展需要。如果主板不支持原生代码中的位图转换，Gadgeteer 提供托管 C# 转换功能。然而，这种托管 C# 代码会很慢，仅适用于简单的文本显示。

在这个项目里，屏幕会每隔1s切换文字与图片的显示。文本字符串、字体和图像文件都存在另外的项目*Resources*文件夹下，需要使用时才加载。添加文件到项目*Resources*文件夹内时，该文件会转成二进制文件存进主项目DLL里，而不是以外部资源的形式存在，所以也就是实际嵌入程序文件里，对用来显示的图形与文本提供了较佳的整合解决方案。

我们将会在最终项目里使用这个显示器。现在，先让我们开始为这个项目添加代码吧。

下面的示例将会使用 GHI 和 Seeed 公司的模块，所以你有必要安装这两个公司的 SDK。SDK 会把模块加入设计器工具箱。你可以从这些公司的网站下载 SDK。GHI 的网站是 *www.ghielectronics.com*，Sytech Designs 的网站是 *www.gadgeteerguy.com*。

　　双击Solution Explorer中SPIDisplayDemo项目的*Program.gadgeteer*文件，会出现设计器画布，从左方工具栏拖入Seeed.OledDisplay模块和Sytech NANO主板，并连接两者间的Socket，如图8.11所示。

图8.11　设计器画布

添加到设计器画布的任何模块，其实例名称都会显示在上方。以本例来说，OLED 显示器模块的实例名称为 oledDisplay，这也是我们在代码引用的模块实例名称，如 oledDisplay.SimpleGraphics。

添加项目资源文件

现在，我们添加一张JPEG图像文件并显示在显示器上。任何图像文件都可以添加，你可以根据显示器分辨率来调整图像的大小，这里是128px×128px。本例里添加了一张"小丑鱼"JPEG文件到*Resources*文件夹，步骤如下。

（1）在Solution Explorer里右键单击*Resources.resx*文件，在弹出的右键菜单里选择Open。

（2）在Visual Studio Resource Editor里选择Add Resource→Add Existing File，如图8.12所示。

（3）在弹出的File对话框中，找到你要的JPEG文件并单击Open。Resource Editor会将文件复制到项目的*Resource*文件夹，这张图片也会显示在Resource Editor窗口，如图8.13所示。

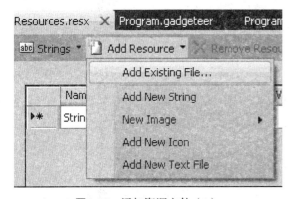

图8.12 添加资源文件（1）

图8.13 添加资源文件（3）

接下来，添加字符串到资源中，步骤如下。

（1）在Solution Explorer里双击*Resources.resx*文件，或右键单击后在右键菜单里选择Open，打开Resource Editor。

（2）从菜单栏选择Add Resource→Add New String，打开字符串资源页面，第一栏是字符串的名称，第二栏是字符串的内容，第三栏则是该字符串的备注。我们加入图8.14所示的"Hello World"字符串。

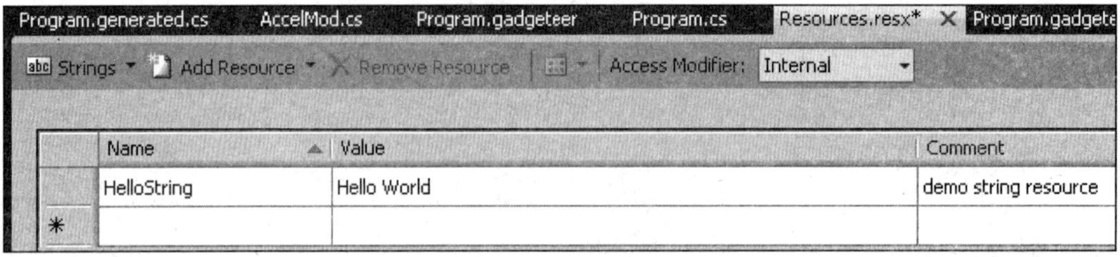

| Program.generated.cs | AccelMod.cs | Program.gadgeteer | Program.cs | Resources.resx* | × | Program.gadgete |

| abc Strings ▾ | 🗋 Add Resource ▾ | ✕ Remove Resource | ⊞ ▾ | Access Modifier: | Internal | ▾ |

Name	▲	Value	Comment
HelloString		Hello World	demo string resource
＊			

图8.14 添加字符串到资源

（3）接下来就是添加代码了。这个示例很简单，所以代码都写在*Program.cs*文件中，之后的项目也不会用到这些代码。

我们的代码将会在显示器模块上做下列事情：

（1）清空屏幕；

（2）显示"Hello World"；

（3）间隔1s后显示图片。

我们使用Gadgeteer 定时器创建1s延迟，使用Tick处理器在屏幕上显示图像。下面是*Program.cs*文件的完整代码：

```
using Microsoft.SPOT;
using GT = Gadgeteer;
using Timer = Gadgeteer.Timer;

namespace SPIDisplayDemo
{
    public partial class Program
    {
        // 此方法在主板启动或重置时执行
        void ProgramStarted()
        {
            // 第1步：清空显示
            oledDisplay.SimpleGraphics.Clear();
            // 第2步：显示一个简单的文本行
            string text =Resources.GetString(
                Resources.StringResources.HelloString);

            oledDisplay.SimpleGraphics.DisplayText(text,
```

```
        Resources.GetFont(Resources.FontResources.small),
        GT.Color.Red,10,10);
    //第3步: 设置1s定时器
    GT.Timer timer = new Timer(1000,
                                Timer.BehaviorType.RunOnce);
    timer.Tick += new Timer.TickEventHandler(timer_Tick);
    timer.Start();
    //在调试过程中,使用Debug.Print事件将信息显示在Visual Studio输出窗口
    Debug.Print("Program Started");
}
/// <summary>
/// 我们的定时器Tick处理器
/// </summary>
/// <param name="timer"></param>
void timer_Tick(Timer timer)
{
    //显示资源中的 "鱼" 图像
    oledDisplay.SimpleGraphics.DisplayImage(
        Resources.GetBitmap(Resources.BitmapResources
        .fishJPG),0,0);
    }
}
}
```

在这里，我们使用Gadgeteer SimpleGraphics接口在显示器上显示文字与图像。*Resources*文件夹里包含了图像、字符串、字体等要使用的文件，这里使用.NET Resources类访问我们的资源。

使用SimpleGraphics，我们可以指定字体、颜色及指定要在屏幕上显示的第一个字符的位置。同样，SimpleGraphics也可用来显示图像，并且可以指定图像左上角的像素要在屏幕上显示的位置。

现在，编译、部署、调试这个项目。应用程序将会在硬件上执行，你会看到屏幕上显示 "Hello World" 字样，1s后 "小丑鱼" 图像也会显示在屏幕上。

上述所有实现的功能，都是主板通过SPI接口控制外接模块而实现的。应用程序在模块上执行的画面如图8.15所示。

图8.15 应用程序在模块上执行

8.3 I²C加速度计与数据处理线程

在本节，我们添加I²C加速度计的应用程序到方案中。我们会创建一个可以在其他项目中复用的加速度计类。本项目是我们所创建的加速度计类的测试平台，你将会在本章的最终项目中学习如何复用这里创建的类。

在本项目中，我们还会讨论数据输入类型类。这个类基本上是从外部传感器获取信息，接着针对这些信息进行处理，如数字滤波，或者找出特定的值做处理。接着，其他类就可以使用这些处理过的数据。简而言之，这个类就是获取信息、处理信息、输出结果。

这个过程就像一种重复循环的工作。我们将会探讨如何利用独立线程做数据处理，并且确保得到的数据是"线程安全"的。这里所要做的就是读取加速度计各轴的加速度信息，均化一段时间的采样。数据处理线程会读取并更新数据到一个数组中。数据输出函数也会访问这个数据采样数组。但是，应用程序在另一个线程里调用数据输出函数。我们并不想在数据更新时让另一个线程访问该数组，因此，我们锁住这个数组，使得一次只能有一个线程可以访问它。在嵌入式设计上，这是非常普遍的一种方式。

让我们从新项目开始。

（1）在Solution Explorer里的右键单击Chapter8项目并选择Add→New Project。

（2）在Add New Project对话框的Installed Templates面板中选择Gadgeteer模块，在中间面板选择.NET Gadgeteer Application，将项目命名为AccelDemo。单击OK按钮。

（3）在设计器画布里，添加主板和Sytech Accel3Axis模块。这里使用的主板为NANO。接着，连接主板与模块的Socket，如图8.16所示。

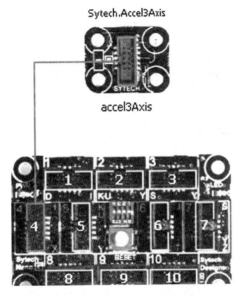

图8.16 AccelDemo项目的设计器画布

（4）在Solution Explorer里，右键单击AccelDemo项目并选择Add→Class。

（5）在Add New Item对话框中，输入新类名*AccelMod.cs*，选择Add创建新类并将其添加到项目。

*AccelMod.cs*是我们的可复用加速度计类。在这个类里，我们会初始化模块的 I²C 通信，设置成测量模式，把加速度计的测量范围设成2G。接着，创建一个回传当前 *X，Y，Z* 数据的公有方法。在这个简单的例子里，将会对原始数据做简单处理。首先会以一定的取样速度读取数据，然后每10个取样点做一次均化，你可以通过改变常量 SAMPLES的值调整采样数。当然，你也可以执行其他数据处理方法，如计算*X*轴和*Y*轴的水平倾斜角度，或者*Z*轴的上下倾斜角度。我们的目的是展示如何在模块内实现这种行为，并使结果可以供其他类使用。

我们使用独立线程执行数据处理，并利用锁定对象的方法确保数据结果线程安全。所有的数据处理都在不同于主线程的独立线程里执行（另一个方法是利用系统定时器，但这里我们只用线程的方法展示）。

　　以下是这个类的完整代码：

```csharp
using System.Threading;
using Gadgeteer.Modules.Sytech;
namespace AccelDemo
{
    public class AccelMod
    {
        private Accel3Axis m_accel;
        //均化数据数组
        short[] m_xAxis;
        short[] m_yAxis;
        short[] m_zAxis;

        private uint m_avgOffset;
        //更改此值设置采样数
        private const uint SAMPLES = 10;
        //线程变量
        private object m_lock;
        private Thread m_processThread;
        /// <summary>
        /// 构造函数
        /// 传入加速度计模块
        /// </summary>
        /// <param name="?"></param>
        public AccelMod(Accel3Axis accel)
        {
            m_accel = accel;
            InitModule();
        }
        /// <summary>
        ///初始化模块
        /// </summary>
        private void InitModule()
        {
            //创建均化数据数组
            m_xAxis = new short[SAMPLES];
            m_yAxis = new short[SAMPLES];
```

```
        m_zAxis = new short[SAMPLES];
        m_lock = new object();
        m_avgOffset = 0;
        // 安装物理模块
        m_accel.InitI2C();
        m_accel.SetMode(Accel3Axis.Mma7455Mode.modeMeasurement,
            Accel3Axis.Mma7455gselect.g2);
        // 创建并启动工作线程
        m_processThread = new Thread(Process);
        m_processThread.Start();
}
/// <summary>
/// 获得X个以上x轴数据采样的平均值
/// </summary>
/// <returns></returns>
public short GetXdata()
{
        return CalcAvgData(m_xAxis);
}
/// <summary>
/// 获得X个以上y轴数据采样的平均值
/// </summary>
/// <returns></returns>
public short GetYdata()
{
        return CalcAvgData(m_yAxis);
}
/// <summary>
/// 计算坐标数据数组的平均值
/// 线程安全使用数据数组
/// </summary>
/// <param name="dataArray"></param>
/// <returns></returns>
private short CalcAvgData(short[] dataArray)
{
        short dataCalc = 0;
        lock(m_lock) //线程安全的关键部分
        {
            for (int offset = 0;offset < SAMPLES;offset++)
```

```
                {
                    dataCalc += dataArray[offset];
                }
        } //关键部分结束
        dataCalc /= (short)SAMPLES;
        return dataCalc;
    }
    /// <summary>
    ///数据处理线程循环
    /// </summary>
    private void Process()
    {
        short x = 0;
        short y = 0;
        short z = 0;
        while(true) //  永远执行
        {
            if (m_accel.ReadAll(ref x, ref y, ref z))
            {
                lock (m_lock)
                { //关键部分 - 锁定
                    m_xAxis[m_avgOffset] = x;
                    m_yAxis[m_avgOffset] = y;
                    m_zAxis[m_avgOffset] = z;
                } //锁定释放
                m_avgOffset++;
                if (m_avgOffset >= SAMPLES)
                {
                    m_avgOffset = 0;
                }
                //使线程休眠60ms
                Thread.Sleep(60);
            }
        }
    }
}
```

首先我们将传感器对象传入类构造函数中，进行初始化处理。通常较好的方式是，把初始化工作放在独立的函数里。在这里，我们创建了一个新的数据处理线程，也创建并设置了均化功能所需的数组。通过设置常量SAMPLES，定义均化采样数，可以让代码增加弹性——更改该常量便可以调整均化采样数。

数据处理线程的工作就是读取传感器的数据，然后将采样放进数据数组。如果到达数组的最后位置，则返回起始位置。这样，数组里总有最后一个"x"采样存在。数据数组还用于数据平均值的计算，并将结果回传给处部调用函数。由于外部调用函数在另外的线程执行，而每次只能有一个线程访问该数组，因此使用了.NET lock函数定义一个对象。该对象代表一个特定的Token（令牌），要锁定的代码会必须放在{}里：

```
lock(m_lock)
{
    代码
}
```

当线程需要访问lock里的代码时，要确保Token不在使用中，否则，必须等其他线程释放这个Token。

 千万不能产生死锁(Deadlock)的状态，否则，A线程在等待B线程释放Token，而B线程也在等待A线程释放Token，此时两个线程都会在等待状态，从而进入无限等待。

在数据处理线程的最后，我们让线程休眠60ms，即 每60ms读取一次传感器数据。

函数Get[X/Y]Data会将所有数组里的值相加并除以采样数（这里是10）。访问数组时需要Token，将数据处理与Token放在一个函数里使用有助于追踪lock、管理可能的线程锁定。

应用程序主要用来测试我们所开发的类。我们为新的传感器类（AccelDemo）创建一个实例，并传入硬件模块；使用定时器每秒产生一个Tick事件。在这个Tick事件处理器里，我们可以得到X轴与Y轴数据的平均值，并显示于调试窗口。下面是*Program.cs*文件的代码：

```
using Microsoft.SROT;
using GT = Gadgeteer;
using Timer = Gadgeteer.Timer;

namespace AccelDemo
{
    public partial class Program
    {
        private AccelMod m_accell;
        // 此方法是在主板启动或重置时执行
        void ProgramStarted()
        {
            // 创建传感器类
            m_accell = new AccelMod(accel3Axis);
            GT.Timer timer = new Timer(1000);
            timer.Tick += new Timer.TickEventHandler(timer_Tick);
            timer.Start();
            //在调试过程中，使用Debug.Print事件将信息显示在Visual Studio输出窗口
            Debug.Print("Accel Test Started");
        }

        void timer_Tick(Timer timer)
        {
            shortxdata = 0;
            shortydata = 0;
            xdata = m_accell.GetXdata();
            Debug.Print("X Data :" + xdata);
            ydata = m_accell.GetYdata();
            Debug.Print("Y Data :" + ydata);
        }
    }
}
```

随后，应用程序数据采样发送给Visual Studio输出窗口：

```
Using mainboard Sytech Designs Ltd Nano version 1.0
Accel Test Started
X Data :-16
Y Data :-31
X Data :-17
Y Data :-31
```

在该项目里，我们讨论了利用不同线程的方式编写应用级传感器类的基本知识。我们还介绍了lock的使用，从不同的线程里同步访问数据。并且，编写的类也可以用于其他项目。

8.4 Gadgeteer DaisyLink

实际使用Gadgeteer搭建项目时，你往往会发现主板的Socket不够用。比如，主板只有3个I^{2}C Socket，而你需要接4个I^{2}C模块。使用DaisyLink是解决这个问题的良方。DaisyLink是微软为Gadgeteer开发的一个协议，你可以在主板上连接一个模块，而其他模块与这个模块串联。

DaisyLink基本上扩展自I^{2}C协议，模块间自动交换信息。DaisyLink模块是主动式的，所以需要有自身的板载微处理器来执行DaisyLink协议。因此，这使得模块设计时需要做比标准I^{2}C或SPI模块更多的工作。最近也只有很少的DaisyLink模块面世，然而，这种情况在未来应该会有所改变。使用GHI公司制造的DaisyLink开发板，你可以设计自己的原型DaisyLink模块，但是你必须具备对Cortex M0微处理器编程的能力。

只要主板的支持X类型（3 GPIO）Socket，DaisyLink协议可以让你使用任何主板上的GPIO类Socket。理论上，你必须用原生代码(C\C++)来实现DaisyLink协议，但不是所有的主板都支持原生代码。如果主板不支持原生代码的开发，但是只要你的主板运行速度够快，还可以使用Gadgeteer提供的托管代码方式。

接下来的项目，我们使用DaisyLink连接两个多色LED DaisyLink模块。步骤如下。

（1）按照前面讲述的方法，在Chapter8方案里添加一个新项目，命名为DaisyLink。

（2）在设计器画布中加入两个DaisyLink多色LED模块。

（3）连接第一个模块到主板Socket，然后连接第二个模块到第一个模块，如图8.17所示。

你会发现，设计器将第一个模块命名为led，第二个命名为led1。这是之后会在代码中用到的实例名。同样，我们会本例代码写在单独的类里，以便可以在最终的项目中使用。

一开始，开启每个LED：第一个LED呈绿色，第二个则呈红色。我们会添加两个方法来使LED闪烁，控制LED的颜色。

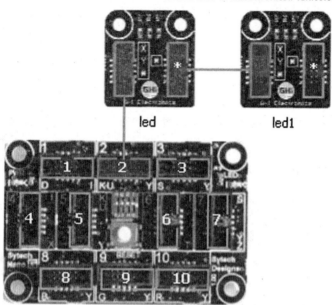

图8.17 设计器画布上的DaisyLink

（4）在Solution Explorer中右键单击项目名并选择Add Class，添加一个名为LedDisplay的新类。类的代码如下：

```
using Gadgeteer.Modules.GHIElectronics;
using GT = Gadgeteer;

namespace DaisyLink
{
    public class LedDisplay
    {
        private MulticolorLed m_led1;
        private MulticolorLed m_led2;

        public LedDisplay(MulticolorLed led1, MulticolorLed led2)
        {
            m_led1 = led1;
            m_led2 = led2;
            Initialize();
        }
```

```
        private void Initialize()
        {
            //控制第一个LED模块
            m_led1.TurnColor(GT.Color.Green);
            // 控制 "串联" 的模块
            m_led2.TurnColor(GT.Color.Red);
        }
        public void BlinkLed1Color(GT.Color color)
        {
            m_led1.BlinkRepeatedly(color);
        }
        public void BlinkLed2Color(GT.Color color)
        {
            m_led2.BlinkRepeatedly(color);
        }
    }
}
```

Program类会创建我们新类的实例，并传入LED模块，接着启动定时器每秒触发一次。定时器Tick处理器会设定每个LED模块以不同的颜色闪烁。代码如下：

```
using Gadgeteer;
using Microsoft.SPOT;
using GT = Gadgeteer;

namespace DaisyLink
{
    public partial class Program
    {
        private LedDisplay m_display;
        //此方法在主板启动或重置时执行
        void ProgramStarted()
        {
            m_display = new LedDisplay(led,led1);
            //定时器每秒触发一次
            GT.Timer timer = new Timer(1000,Timer.BehaviorType.RunOnce);
            timer.Tick += new Timer.TickEventHandler(timer_Tick);
            timer.Start();
            //在调试时，使用Debug.Print事件将信息显示在Visual Studio输出窗口
```

```
        Debug.Print("Led test Started");
    }
    private void timer_Tick(Timer timer)
    {
        Debug.Print("change LEDs to flashing");
        m_display.BlinkLed1Color(GT.Color.Red);
        m_display.BlinkLed2Color(GT.Color.Blue);
    }
}
}
```

编译并运行程序，你会发现两个LED点亮：一个是绿色，另一个是蓝色。1s后，定时器启动，LED颜色改变并开始闪烁。

 如果发现LED的颜色与本书不符,可以调用[MulticoloredLed].GreenBlueSwapped = ![MulticoloredLed].GreenBlueSwapped 属性修正该问题。

8.5 集合多个模块的项目

在本章最后的项目，你将学习如何将之前项目的代码复用于大型、复杂的项目。这个项目可以拆解成一个个可分别测试的小单元，由于你已经知道每个单元如何工作，因此只需要集中精力将这些单元根据最终的设计需求组合起来就可以了。

到目前为止，所有的项目都使用的Sytech NANO主板。而在最后的项目中，我们将使用不同的主板，向你展示Gadgeteer的模块化能力。我们采用GHI Hydra主板，使用前述AccelDemo与DaisyLink项目的代码，并整合这些模块到我们的新项里。我们分别使用三个不同制造商生产的模块，并且不需要更改原来的代码类，只要主板支持模块代码所需的Gadgeteer接口Socket即可。

在这里，你会学到如何从Gadgeteer生成的应用程序中分离出你的应用程序，或者为你的应用程序添加不同的功能到类。这对于较复杂的项目至关重要，有助于保持可测试性与无错的开发过程。

把所有代码放在 *Program.cs* 文件下是不可行的。

我们的项目会使用多个输入设备，生成触发输出设备响应的事件。我们使用操纵杆作为双通道开关输入设备，操纵杆的*X*轴与*Y*轴位置分别用来决定两个通道开或关。假设操纵杆的位置超过中心位置，则判定开关处于"开"状态，反之亦然。这时，开关的OnInputChange事件被触发，通知相应的类：数据输入已经就绪。

该项目的类的架构如图8.18所示，显示了项目的结构与类之间的关系。

接下来，我们利用JoyInput类控制两个多色LED模块，每个数据通道分别控制多色LED模块上的LED闪烁。这里的LED显示器利用了我们在DaisyLink项目中开发的代码。按下操纵杆按钮时会生成一个事件，触发读取通道值并设定LED颜色。

同时，我们还使用了加速度计模块作为另外的传感器输用，利用定时器触发事件，每秒钟读取一次加速度计模块的G值并显示于SPI OLED显示器。

虽然该代码并没有太大的实际功能，但展示了如何处理多传感器输入，并说明了保持有序的代码结构更易于扩展。本例也是一个事件驱动式应用程序示例。

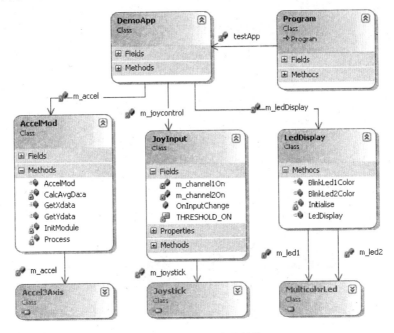

图8.18 项目的类的结构

8.5.1　创建项目

在你的Chapter8方案里添加一个新的Gadgeteer项目，并命名为TestApplication。在设计器画布中添加下列模块：

- FEZ Hydra 主板
- GHI 操纵杆
- Seeed OLED显示器
- Sytech Accel3Axis
- 两个 GHI 多色 LED 模块

图8.19展示了我们使用的模块与Socket连接器。你不需要完全复制这些连接，模块会自动连接到正确的Socket。

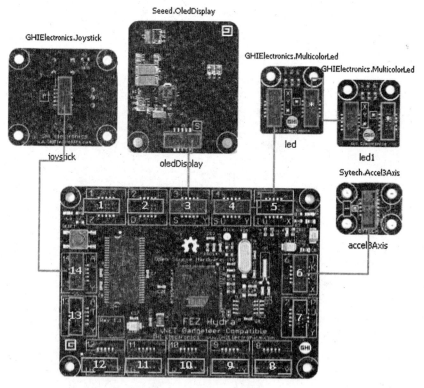

图8.19　项目设计器画布

接下来就是实现项目的步骤。

（1）右键单击项目名称并选择Add→New Folder，项目中会增加一个名为New

Folder的新文件夹并在对话框中高亮。在高亮区输入名称Application。我们会将所有的代码类放在这个文件夹。

（2）右键单击Application文件夹选择Add→Class，添加一个新类，命名为DemoApp。这是应用程序类。为了开发更便利，我们使用之前项目里的类AccelMod（AccelDemo项目）与LedDisplay（DaisyLink项目）。

（3）打开AccelDemo项目与DaisyLink项目，分别将*AccelMod.cs*与*LedDisplay.cs*复制（拖拽）到Application文件夹。

（4）我们另外需要一个类来控制双掷开关Joystick模块，重复上述步骤，在Application文件夹加入JoyInput类。

此时，Solution Explorer中的新项目与图8.20相似。

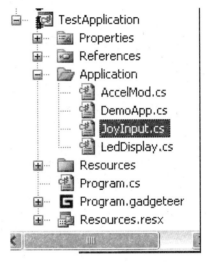

图8.20　Solution Explorer中的新项目

8.5.2　JoyInput类及其事件

本节将会说明如何使用传感器输入模块，处理输入数据并响应事件，为传感器类创建自定义事件。

我们利用操纵杆的两个模拟输入作为双通道开关，当模拟输入的值大于操纵杆轴的中心位置时，判定开关为开；若小于或等于中心位置，则认定为关。Joystick模块的*X*轴和*Y*轴位置限定为0～1之间的值，中心位置为0.5。我们设定一个值为0.6的常量，当输入的值大于0.6时判定开关为开，小于0.6则为关。

Joystick类具有一个"按钮"事件，用来判断操纵杆的轴是否移动，进而读取轴的位置并判断开关与否。

代码相当简单：

```csharp
using Gadgeteer.Modules.GHIElectronics;
using Microsoft.SPOT;

namespace TestApplication.Application
{
    /// <summary>
    /// 使用操纵杆作为简单的双通道输入选择器
    /// x轴是一个通道，y轴是另一个通道。
    /// Joystick按钮用作一个动作
    /// </summary>
    public class JoyInput
    {
        private Joystick m_joystick;
        private bool m_channel1On = false;
        private bool m_channel2On = false;
        private const double THRESHOLD_ON = 0.6;
        public JoyInput(Joystick control)
        {
            m_joystick = control;
            Initialize();
        }
        private void Initialize()
        {
            m_joystick.JoystickPressed += m_joystick_JoystickPressed;
        }
        // 事件通知输入已经改变
        public EventHandler OnInputChange;
        //获取通道1的状态
        public bool Channel1On
        {
            get { return m_channel1On; }
        }
        //获取通道2的状态
        public bool Channel2On
        {
            get { return m_channel2On; }
```

```
        }
        /// <summary>
        /// 操作杆按钮按下基本事件处理器
        /// 我们将调用输入变化事件计算出的两个通道状态
        /// </summary>
        /// <param name="sender"></param>
        /// <param name="state"></param>
        void m_joystick_JoystickPressed(Joystick sender,
                    Joystick.JoystickState state)
        {
            Joystick.Position position = m_joystick.GetJoystick
              Postion();
            double x = position.X;
            double y = position.Y;
            m_channel1On = x > THRESHOLD_ON;
            m_channel2On = y > THRESHOLD_ON;
            //触发通知事件
            if (OnInputChange != null)
            {
                OnInputChange(this,null);
            }
        }
    }
}
```

我们在构造函数中传入物理模块，然后调用初始化程序。初始化程序Initialize()简单地连接事件处理器到操纵杆按钮按下事件。

事件处理器程序（m_joystick_JoystickPressed）会从传入事件的数据类中获取X与Y轴的位置，并与常量THRESHOLD_ON（设为0.6）的值做比较：若大于0.6，则通道属性设为开；若小于0.6，则通道属性设为关。最后，触发自定义事件OnInputChange。

应用数据通知事件

我们使用的是标准的预定义通知事件，EventHandler由下面的代码行定义：

```
//事件通知输入已经改变
    public EventHandler OnInputChange;
```

该通知中的任何相关外部类都可以注册事件处理器到该事件,我们在DemoApp类的Initialize函数里完成该工作。

除了使用标准的事件处理器(EventHandler),我们还定义了自定义事件类型,并且传递数据给事件处理器。.NET建议使用事件委托(我们的事件类型原型),定义如下:

```
delegate void [delegateName](object sender, EventArgs);
```

建议你发送引用到事件发送端(sender)和EventArgs基类数据。事实上,这个委托定义也用于标准的EventHandler事件。

该事件委托部分仅仅是事件处理器所使用的函数定义或原型。它定义了函数调用的形式。EventHandler事件处理器方法必须是以下格式:

```
void [FunctionName](object sender, EventArgs e)
```

在这里,EventArgs是标准基类,实际上什么也不做。

如果想要定义我们的自定义事件并传回数据给处理器,首先要定义我们的自定义委托。例如,自定义传回两个整数数据的事件,按照.NET建议的做法,我们会定义一个"自定义"EventArgs类保留数据。该类继承自EventArgs类,授权公有只读访问这两个整数数据。

```
public class CustomEventArg : EventArgs
    {
        public CustomEventArg(int arg1, int arg2)
        {
            this.Data1 = arg1;
            this.Data2 = arg2;
        }
        public int Data1 { get; private set; }
        public int Data2 { get; private set; }
    }
```

简洁起见,我们使用"auto-implemented properties"简化:

```
public int Data1 { get; private set; }
```

这定义了整数属性——Data1,公有读取,私有写入。CustomEventArg类用来访问这两个整数数据。

接着,处理器方法定义委托和原型:

```
public delegate void customEventDelegate(object sender,CustomEventArg);
```

正如你所见，我们有了生成事件（sender）实例引用和包含数据的新CustomEventArg类。

接着，我们可以定义实际公有事件，用于外部类连接事件处理器，如下所示：

```
public event customEventDelegate OnCustomEvent;
```

事件可以注册多个处理器、一个处理器，或者无处理器。当我们触发事件时，会顺序调用它连接的所有处理器。若想触发（调用）事件，应首先检查其是否为空：如果为空，则我们注册不了处理器；若不为空，则可以注册。

触发事件的大部分命令会放在当前线程里，调用事件如下：

```
//触发通知事件
    if (OnInputChange != null)
    {
        OnInputChange(this,null);
    }
```

这段代码也可写成：

```
OnInputChange.Invoke(this,null);
```

OnInputChange(this,null)是OnInputChange.Invoke(this,null)的简写。

 关于事件和委托的完整内容，请参考 Microsoft MSDN 帮助文档，或 Google "C# events"。

8.5.3　DemoApp类

应用程序包含在DemoApp类里。这个类是我们传感器类的容器，其数据用于控制输出型模块。应用程序是事件驱动，响应JoyInput类输入改变事件，并输出所需的事件响应给LedDisplay类。DemoApp类还使用定时器轮询AccelMod传感器类并输出X轴和Y轴数据给OledDisplay。所有需要的Gadgeteer模块实例都传递给构造函数。完整的代码如下：

```csharp
using AccelDemo;
using DaisyLink;
using Gadgeteer;
using Gadgeteer.Modules.GHIElectronics;
using Gadgeteer.Modules.Seeed;
using Gadgeteer.Modules.Sytech;
using Microsoft.SPOT;
using GT = Gadgeteer;

namespace TestApplication.Application
    {
        public class DemoApp
        {
            private AccelMod m_accel;
            private LedDisplay m_ledDisplay;
            private JoyInput m_joycontrol;
            private OledDisplay m_oledDisplay;

            private bool m_led1 = false;
            private bool m_led2 = false;
            private Timer m_accelPoll;

            private Font m_font;

            public DemoApp(Accel3Axis accel,
                        MulticolorLed led1,
                        MulticolorLed led2,
                        Joystick joystick,
                        OledDisplay display)
            {
                // 创建应用程序要素
                m_accel = new AccelMod(accel);
                m_ledDisplay = new LedDisplay(led1, led2);
                m_joycontrol = new JoyInput(joystick);
                m_oledDisplay = display;
                Initialize();
            }

            /// <summary>
            /// 初始化应用程序
            /// </summary>
```

```csharp
private void Initialize()
{
    // 初始化操纵杆开关和LED功能
    m_joycontrol.OnInputChange += OnInputSelect;
    //初始化加速度计和OLED显示器
    m_accelPoll = new Timer(1000);
    m_accelPoll.Tick +=
        new Timer.TickEventHandler(m_accelPoll_Tick);
    InitOledDisplay();
    m_acclPoll. Start();
}
/// <summary>
/// 初始化OLED显示器
/// </summary>
private void InitOledDisplay()
{
    m_oledDisplay.SimpleGraphics.Clear();
    m_oledDisplay.SimpleGraphics.BackgroundColor = Color.White;
    m_font = Resources.GetFont(Resources.FontResources.small);
    //关闭自动重绘 - 这种显示更新方式更快
    m_oledDisplay.SimpleGraphics.AutoRedraw = false;
    m_oledDisplay.SimpleGraphics.DisplayText("X Axis: 0",
        m_font,Color.Black,10,10);
    m_oledDisplay.SimpleGraphics.DisplayText("Y Axis: 0",
        m_font,
Color.Black, 10, 40);
    m_oledDisplay.SimpleGraphics.Redraw();
}

/// <summary>
/// 定时器Tick处理器
/// 在主线程中执行
/// </summary>
/// <param name="timer"></param>
void m_accelPoll_Tick(Timer timer)
{
    // 获取新数据
    short xdata = m_accel.GetXdata();
```

```
        short ydata = m_accel.GetYdata();

        //清空显示
        m_oledDisplay.SimpleGraphics.ClearNoRedraw();
        //更新显示
        m_oledDisplay.SimpleGraphics.DisplayText(" X Axis: " +
            xdata.ToString(),m_font,Color.Black,10,10);
        m_oledDisplay.SimpleGraphics.DisplayText(" Y Axis: " +
            ydata.ToString(), m_font, Color.Black, 10, 40);
        //绘制显示
        m_oledDisplay.SimpleGraphics.Redraw();
    }

    /// <summary>
    /// JoyControl 输入改变事件
    /// 作为基本事件在主线程中执行
    /// </summary>
    /// <param name="sender"></param>
    /// <param name="e"></param>
    private void OnInputSelect(object sender, EventArgs e)
    {
    if (m_joycontrol.Channel1On != m_led1)
    {
        m_led1 = m_joycontrol.Channel1On;
        m_ledDisplay.BlinkLed1Color(m_led1 ? GT.Color.Green :
            GT.Color.Red);
    }
    if (m_joycontrol.Channel2On != m_led2)
    {
        m_led2 = m_joycontrol.Channel2On;
        m_ledDisplay.BlinkLed2Color(m_led2 ? GT.Color.Green :
            GT.Color.Red);
    }
    }
}
}
```

    在构造函数里，我们使用传入的Gadgeteer模块实例创建传感器类。接着，调用`Initialize()`程序。`Initialize()`程序连接传感器类的事件处理器——这里只有JoyInput事件。我们创建论询定时器，用于论询AccelMod传感器类并初始化OledDisplay。

OledDisplay的初始化主要是设置字体和背景颜色。为了加快写出显示的速度，我们取消AutoRedraw功能。也就是说，只有内存缓冲区更新（调用Redraw函数）时才写出文本或图形到显示。显示更新两行文字。基于这个方法，可以快速改变这两行的缓冲区内存，完整屏幕组成后绘制新屏幕。

我们从初始化两行文本的X轴和Y轴值为0开始。

JoyInput事件的事件处理程序OnInputselect()会依通道的开关与否来改变LED的颜色为红色或绿色。

如何简化 "If ..Else" 语法

这里，我们设定 LED 用的语法如下：

```
"If channel on, then LED is green,  else LED is red."
```

然而，你可以利用 C# 的三元运算符（?:）简代上述代码：

```
condition ? first-expression :second_expression
```

这意味着，当 condition 为"真"时，执行第一个语句，否则执行第二个语句。condition 的结果必须是布尔值。

所以，下面的语法：

```
m_ledDisplay.BlinkLed1Color(m_led1 ? GT.Color.Green :GT.Color.Red);
```

等同于：

```
if m_led1 is true, set BlinkLed1Color(Green)
else m_led1 is false, set BlinkLed1(Red)
```

我们在m_accelPoll_Tick()中为定时器Tick事件调用定时器事件处理器，处理器会从AccelMod类获取X轴与Y轴数据，格式化两行文字，将其值显示于OledDisplay。但是，我们必须先清除显示屏，否则文本会重叠而看不清楚。格式化整个显示之后，调用ReDraw()方法渲染（绘制）显示。

8.5.4 Gadgeteer Program.cs

剩下的工作就是，将DemoApp类整合进Gadgeteer应用程序框架。*Program.cs*类由Gadgeteer项目模板自动生成，我们通过设计器添加所需的模块并初始化它们。以下代码的整合很简洁：

```
using Microsoft.SPOT;
using TestApplication.Application;

namespace TestApplication
{
    public partial class Program
    {
        //应用程序类
        private DemoApp testApp;
        //此方法在主板上电或重置时执行
        void ProgramStarted()
        {
        //创建事件驱动式应用程序

        testApp = new DemoApp(accel3Axis,led,led1,joystick,oledDisplay);
        //在调试过程中，使用Debug.Print事件将信息显示在Visual Studio输出窗口
        Debug.Print("Program Started");
        }
    }
}
```

这里，我们创建DemoApp类实例，命名为testApp，并传递Gadgeteer模块所需的实例到构造函数。因为我们的应用程序类是事件驱动式，所以不需要额外的程序。

8.6 小 结

本章讨论了如何分离所需的传感器功能到独立的类，以便于我们专注于传感器类的功能，分别测试各类。另外，分离代码到的类也促进其在不同项目中的复用。

随后，我们用自己的类设计了一个完整的应用程序，复用了之前的传感器类。这使得我们的代码可以在传感器数据和动作产生的数据之间交互，专注于数据的应用而不是数据的处理。结构化的层次也有助于最终功能设计的代码易于测试和修改。

本章还研究了一些传感器模块的基本编程方法，如线程与事件。

第 **9** 章
串行通信项目

本章探讨串行通信和相关模块的使用。如果使用通用串行模块，如Serial2USB或Xbee模块，你就可以在应用程序里使用Gadgeteer串行接口类。该类以.NET SerialPort为基础扩展的功能，让位操作读写更加容易。这些通用串行模块提供串行端口访问，由你（程序员）决定如何使用。

Serial2USB 模块的作用是显而易见的，只需要一个串行通信类就可以将串行端口转换为USB虚拟串行端口。Xbee模块的作用就不是那么直观。XBee模块仅仅是一个转换板，各种模块可以插入这个转换板与主板通信。如果没有XBee模块，可以插入一个WiFly WLAN模块。所有这些插入的模块由不同的串行协议控制，可以有多种不同的使用方式与模式，因此，程序员可以利用Gadgeteer串行接口完成最终的传输协议。

开发串行项目的要点如下：
- 能够利用异步连接发送/接收数据；
- 能够设定一些基本的参数，如波特率、停止位数目、硬件握手等。

Gadgeteer串行接口结合Micro Framework .NET串行类，提供了上述的功能，你只需要专注于数据的内容、如何格式化、怎样发送/接收数据。

接下来，让我们使用串行接口实现基本项目需求。

9.1　使用Serial2USB模块建立串行通信项目

本串行通信项目使用Serial2USB模块。该模块创建一个USB虚拟串行端口，连接到支持串行通信的Gadgeteer Socket（类型K支持硬件握手，类型U不支持硬件握手）。模块固件创建Gadgeteer串行接口，默认波特率为38400、8个数据位、1个停止位、无奇偶校验位。一开始，根据物理通信设置需要，我们使用默认的串行端口设置。

较常见的串行通信都要处理具有终止符的字符串或数据流，以标记数据的尾端。这种情况常见于数据记录和串行设备通信，如GSM模块或GPS模块。

对于GSM模块通信，控制序列发送AT命令到调制解调器，格式化字符串以"AT"开头，以回车和换行为终止符（`0x0D,13,0x0A,10`）。标准GPS数据则格式化为NMEA（National Marine Electronics Association）字符串，以回车终止。我们通过一个简单的类实现格式化字符串的发送/接收。

现在，创建项目，添加Gadgeteer模块，一步步实现串行处理器并添加需要的功能。

第2章介绍了如何创建 Gadgeteer 项目，第7章介绍了项目的一般设计，因此本章会省略一些步骤。

9.1.1 创建新项目

首先用Visual Studio模板创建一个新的Gadgeteer项目。当设计器加载完毕，添加主板、电源/USBDevice模块（允许连接到Visual Studio调试和部署）、Serial2USB模块。用设计器将两个模块连接到主板上的相关Socket，如图9.1所示。现在，根据设计器中选用的Socket，连接真实的硬件。

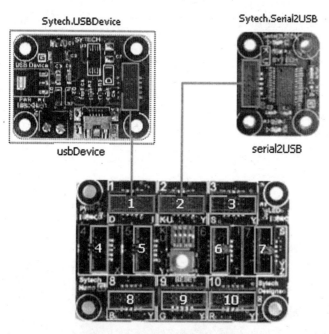

图9.1 设计器画布上的项目模块

设计器会为新项目创建桩函数，创建并初始化模块，随后连接模块到主板。

设计器会加入*Program.gadgeteer.cs*（两个局部类文件）和*Program.cs*文件。模块在*Program.gadgeteer.cs*文件中创建和初始化。千万不要编辑这个文件，它由设计器维护。我们的代码放在*Program.cs*文件中。

该Serial2USB模块暴露了Gadgeteer Serial端口，这是模块使用的串行端口。应用程序中将使用该串行实例。

Gadgeteer串行类在.NET Micro Framework串行类的基础上，增加了发送/接收数据串的处理。在第一个项目中，接收发送到电路板的字符串，输出该字符串到调试通道，返回字符串返回到PC端应用程序。我们在字符串的开头加上"GADGETEER RX："，在PC上运行一个简单的终端应用程序来测试。

你可以选用任何一种终端应用程序，只要它能发送文本并可以在字符串序列尾部设置回车与换行。你可以使用 Windows 系统自带的超级终端（高版本的 Windows 系统已经不带这样的程序了——译者注），但是我倾向于使用 Digi 为 XBee 开发的 X-CTU 免费应用程序。对于更复杂的串行协议开发，X-CTU 允许你输入的串行数据为十六进制值序列。你可以在 *digi.com* 网站的"Support"页面找到 X-CTU，也可以 Google "X-CTU 下载"。

现在，在类中实现我们的应用程序代码，具体细节参考第7章。给项目新增一个类，命名为SerialApp。

我们需要用到一个使用串行端口的实例，在构造函数中，把它作为参数传递给应用程序类。在我们的构造函数中，把串口对象保存为私有域，因此类总是可以访问它。初始化串行端口，使用默认的38400波特率、8个数据位、1个停止位，这里不使用硬件握手。

Gadgeteer串行类添加了一个方法，可以写缓冲区（字节数组）或字符串到串口，还增加了具有终止字符序列的自动读取函数。现在，保留终止字符序列设置为回车符（0x0D或\r）的默认值。C#也允许我们在\符号后面使用特定控制字符（\r）表示回车。

串行端口接收到的数据（处部源）将会作为字符序列数据流，Gadgeteer串行类添加的功能，可以读取串行端口接收到的每个字符并收集到缓冲区，还可以根据定义的终止字符序列得知信息的尾端。发现终止字符串后，触发事件LineReceived，从缓冲区减去组成数据。上述的所有工作都在后台线程里执行，所以并不会影响运行的应用程序或Micro Framework。然而，该功能通常是关闭的，你必须设置Serial.AutoReadLineEnabled属性为true来启用。

注意事项

Gadgeteer 串行接口的"自动读取"功能设计用于接收 7 位 ASCII 字符，因此任何第 7 位（0x7f 以上十六进制值）或 0x00 将会被忽略。

将终止字符序列设置成回车（0x0d - \r），是因为超级终端或X-CTU都默认回车为终止。收到完整的字符串并回车终止后，触发事件，字符串传入，减去回车。简单地连接一个处理器到事件，就可以将收到的字符串显示在输出窗口并回传给发送端。发送字符串之前，在开头加上文本"Gadgeteer RX:"。

下面是SerialApp类的完整代码：

```
using Microsoft.SPOT;
using Gadgeteer.Interfaces;
namespace Serial01
{
    public class SerialApp
    {
        private Serial m_port;
        public SerialApp(Serial port)
        {
            m_port = port;
        }
        public void StartApp()
        {
            //输出端口设置
            Debug.Print("CommPort:" + m_port.PortName +
                " Baud:" + m_port.BaudRate +
                " DataBits :" + m_port.DataBits +
                " Stop Bits :" + m_port.stopBits +
                " Parity :" + m_port.Parity);
            InitAutoRead();
            //现在打开的端口
            //使用默认设置
```

```
    m_port.Open();
}
/// <summary>
///启用自动读取
/// </summary>
private void InitAutoRead()
{
    //设置终止符为回车
    m_port.LineReceivedEventDelimiter = "\r";
    m_port.AutoReadLineEnabled = true;
    //现在建立一个行RX处理器
    m_port.LineReceived += new Serial.LineReceivedEventHandler
    (m_port_LineReceived);
}
/// <summary>
/// LineReceived事件处理器
/// </summary>
/// <param name="sender"></param>
/// <param name="line"></param>
void m_port_LineReceived(Serial sender, string line)
{
    Debug.Print("Line Rx : " + line);
    //回传应答字符串
    string echoString = "Gadgeteer RX:" + line;
    m_port.WriteLine(echo string);
}
}
}
```

接着，修改项目模板生成的*Program.cs*类，在*SerialApp.cs*文件中使用我们的新串行应用程序。

在主应用程序启动运行后，使用Gadgeteer定时器启动SerialApp类。实际上你并不需要这么做，因为我们的应用程序由Gadgeteer串行事件触发。直到主应用程序运行后，这些都不需要，但通过这个定时器的使用，你会学习到在主框架运行后如何让你的应用程序接着运行。

将我们的代码添加到ProgramStarted方法。

接着，添加一个新的SerialApp实例，并传入Serial2USB模块Gadgeteer.

Serial实例：

```
m_application = new SerialApp(serial2USB.GetPort);
```

下一步，创建一个只会执行一次的Gadgeteer.Timer定时器，设定100ms的时间延迟，并为Tick事件设置处理器。第一次触发Tick事件后，定时器就会停止。最后，别忘记要用timer.Start()启动定时器。

别忘了这个步骤，否则你的定时器 Tick 事件不会触发，串行应用程序永远不会启动。

```
GT.Timer timer = new Timer(100,Timer.BehaviorType.RunOnce);
    timer.Tick += new Timer.TickEventHandler(timer_Tick);
    timer.Start();
```

现在，添加定时器Tick事件处理器timer_Tick。在该事件处理器里，我们调用SerialApp类中的StartApp方法来启动通信处理器，随后主应用程序启动运行。

```
void timer_Tick(Timer timer)
    {
    m_application.StartApp();
    Debug.Print("Start Serial Test Application");
    }
```

下面是*Program.cs*的完整代码。请注意，为了让代码更简洁，我已将文件顶部未使用的"using"删除。

```
using Microsoft.SPOT;
using GT = Gadgeteer;
using Timer = Gadgeteer.Timer;
namespace Serial01
{
    public partial class Program
    {
        private SerialApp m_application;
        //此方法在主板启动或重置时执行
        void ProgramStarted()
        {
```

```
    m_application = new SerialApp(serial2USB.GetPort);
    GT.Timer timer = new Timer(100,Timer.BehaviorType.RunOnce);
    timer.Tick += new Timer.TickEventHandler(timer_Tick);
    timer.Start();
    //在调试时，使用Debug.Print事件将信息显示在Visual Studio输出窗口
    Debug.Print("Program Started");
    }
    void timer_Tick(Timer timer)
    {

        m_application.StartApp();
        Debug.Print("Start Serial Test Application");
    }
    }
}
```

你可以做一次快速编译，以检查代码的语法错误及输入错误。在Solution Explorer（通常在屏幕右侧）中，右键单击项目名称Serial01并选择Build，如图9.2所示。

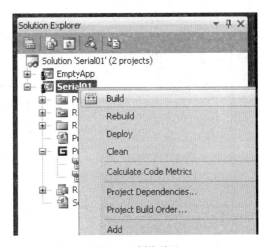

图9.2　编译项目

如果一切顺利，编译会成功，没有任何错误。你会在Visual Studio输出窗口看到编译进度，这是最后一行：

```
"======= Build: 1 succeeded or up-to-date, 0 failed, 0 skipped ======="
```

9.1.2 启动并调试应用程序

现在，准备部署和调试新应用程序硬件，请确保模块都插入了主板正确的Socket。

（1）使用USBDevice模块上的USB线连接主板与PC。

（2）使用第二条USB线连接Serial2USB模块到PC，用于与PC上运行的终端应用程序串行通信。

（3）主板将连接PC的Micro Framework USB调试通道。检查并确保正确使用MFDeploy连接，具体参见第6章。

（4）在PC上启动终端应用程序，并将其连接到Serial2USB模块创建的虚拟通信端口。

（5）在Solution Explorer中右键单击项目名称并选择Debug→Start New Instance，如图9.3所示。

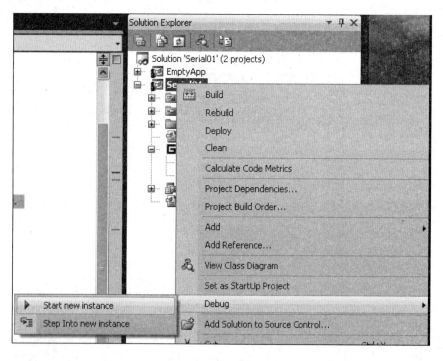

图9.3 调试应用程序

这样，编译并部署新应用程序到你的主板。部署应用程序后，将会连接调试器，且应用程序将开始运行。

这个过程的进度会显示在输出窗口。编译之后，应用程序将部署到设备。在代码部署到设备（这可能需要几秒钟）之后，将会产生所有应用程序中使用的DLL程序集（代码部分）报告。这些DLL主要是Micro Framework和Gadgeteer库。报告所有的程序集后，调试器开始加载应用程序。

你会看到所有已加载的程序集列表，并且会启动实际应用程序。在这里，你会看到添加到应用程序的调试文本。串行应用程序的启动，包括一些调试文本，它看起来像这样：

```
The thread '<No Name>' (0x2) has exited with code 0 (0x0).
Using mainboard Sytech Designs Ltd Nano version 1.0
Program Started
CommPort:COM1 Baud:38400 DataBits :8 Stop Bits :1 Parity :0
Start Serial Test Application
```

9.1.3　启动终端应用程序

启动你选用的终端程序，使用Serial2USB模块连接虚拟串行端口。如果使用的是X-CTU终端程序，启动屏幕会显示所有可用的串行端口。我们需要的那个端口通常标有"USB Serial Port (COMx)"。若你不知道如何选取，请参考以下步骤。

（1）断开Serial2USB模块的USB线。

（2）开启X-CTU并记录所有的串行端口。

（3）关闭X-CTU，重新连接Serial2USB模块的USB线。重启X-CTU，出现的新串行端口就是你需要的。

你也可以在Windows设备管理器中确认USB串行端口。以Windows XP操作系统为例，方法如下。

（1）右键单击My Computer并选择Properties，然后在对话框中选择Hardware→Device Manager。

（2）单击Ports（COM & LPT）选项将其展开，会列出所有的通信端口，如图9.4所示。

（3）如果不确定哪个是正确的端口，拔下USB电缆，注意哪些端口可用，再插上USB线，查找添加的条目——这正是你要的通信端口。注意，PC注册/连接USB设备需要一两秒钟。

图9.4 USB通信端口号

启动PC终端程序，将通信端口连接到硬件，使用初始设置：38400波特率、无流量控制、8个数据位、不使用校验、1个停止位。 X-CTU页面如图9.5所示。

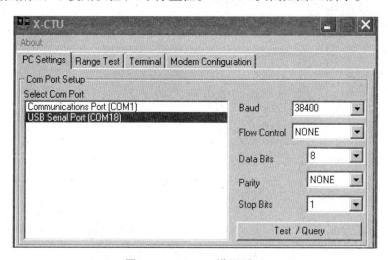

图9.5 X–CTU PC设置页面

接下来，执行以下步骤。

（1）选择页面中的Terminal选项，终端程序运行并连接到通信端口。我使用

X-CTU的原因是，它提供了许多额外的调试与控制特性。从技术上讲，它设计用于和Digi XBee模块沟通，并允许协议命令直接进入和查看。这些特性决定了它是通信项目中非常有用的工具。

（2）打开Hex功能，可以在屏幕上看到ASCII文本及其对应的十六进制值，在Hex窗口中，你还会看见隐藏的字符，如回车，依此类推。在菜单栏右侧单击Show Hex按钮。

（3）你会看到图9.6所示页面，右边是Hex，左边是ASCII。在左边输入"this is a test"并在行尾使用回车（0x0D）。这些字符会使用串口发送到硬件。当设备收到回车（0x0D）后，触发"接收到行"事件处理器。以下代码会把接收到的字符串加上前辍"Gadgeteer RX:"回传给PC终端程序，并在Visual Studio输出窗口显示调试文本。

```
void m_port_LineReceived(Serial sender, string line)
{
    Debug.Print("Line Rx : " + line);
    // 回传响应字符串
    string echoString = "Gadgeteer RX:" + line;
    m_port.WriteLine(echoString);
}
```

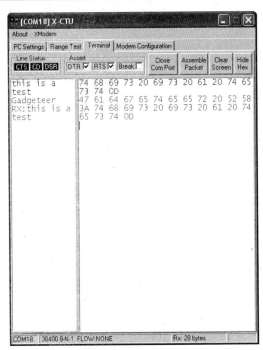

图9.6 测试字符串发送与接收

如果一切顺利，你会在PC终端程序窗口看见从设备送回的字符串，如图9.6所示。你可以看到左边的ASCII文本，以及右侧的实际十六进制值。注意，终止符回车（0xD）是WriteLine函数添加的。如果我们使用m_port.Write()，就没有终字符添加到字符串，所以不会发送回车。

9.1.4 变更串行端口的物理设置

我们创建的Serial2USB模块串行端口，默认物理设置为38400波特率、1个停止位、8个数据位、不使用校验。若想改变其中的物理设置，如波特率需要为115200而非38400，可以使用如下方法。

我们可以在Serial2USB实例上调用Configure方法并立即传入所有设置，然而，必须在Serial2USB类创建串行端口之前做这件事，所以只能在调用GetPort之前调用Configure方法。这也适用于类似GHI版本的系列模块，如UsbSerial——其GetPort称为SerialLine。

串行端口创建后，我们仍然可以改变其物理属性。每项设置可作为一个单独的属性，所以我们可以用Baud属性更改波特率。你不能对一个打开的通信端口更改物理属性。首先需要调用[port].close，更改属性，然后重新打开该端口。您可以调用IsOpen属性查看端口是否打开：如果端口是打开的，就返回true。

为了演示这些方法，修改我们简单的串行项目以波特率115200启动通信端口。然后，启动通信应用程序时，我将波特率改回38400。这是为了展示改变物理设置的两种机制：创建时和运行时。

在*Program.cs*文件，在创建应用程序的代码行前加入以下代码：

```
//设置串行端口波特率为115200
    serial2USB.Configure(115200, Serial.SerialParity.None,
    Serial.SerialStopBits.One, 8, false);
    m_application = new SerialApp(serial2USB.GetPort);
```

在调用GetPort之前，需要先调用serial2USB.Configure方法，所以这里还未创建串行端口实例。这将设置端口为115200的初始波特率，而不是默认的38400。

现在，我们修改SerialApp类，以显示端口工作在115200波特率。接着，将波特率改回38400。在*SerialApp.cs*文件里，修改StartApp方法。在我们打开串口后，使用当前的115200波特率发送测试字符串。接着关闭端口，将波特率改回38400，并再次打开串口。

下面是修改后的代码：

```
public void StartApp()
    {
        //显示端口设置
        Debug.Print("CommPort:" + m_port.PortName +
            " Baud:" + m_port.BaudRate +
            " DataBits :" + m_port.DataBits +
            " Stop Bits :" + m_port.StopBits +
            " Parity :" + m_port.Parity);
        InitAutoRead();

        //现在打开端口
        m_port.Open();
        //以115200波特率发送测试字符串
        m_port.WriteLine(" Start at 115200 baud - now changing to
          38400");

        //你不能改变已打开的通信端口的物理设置
        m_port.Close();
        m_port.BaudRate = 38400;
        Debug.Print("change to 38400");

        //不要忘了重新打开的端口
        m_port.Open();
    }
```

测试步骤如下。

（1）打开终端应用程序并设置通信端口波特率为115200。图9.7中X-CTU的波特率设置为115200。

（2）启动PC终端应用程序。

（3）编译和部署修改后的串行应用程序。当应用程序加载和运行后，通信端口初始化设置为115200波特率，并以此速率发送测试字符串"Start at 115200 baud – now changing to 38400"，显示于终端应用程序（图9.8）。

（4）返回X-CTU的PC Settings选项卡，将波特率修改为38400。

（5）回到X-CTU的Terminal选项卡，先后打开、关闭通信端口，使新设置生效。此时通信端口波特率修改为38400了。

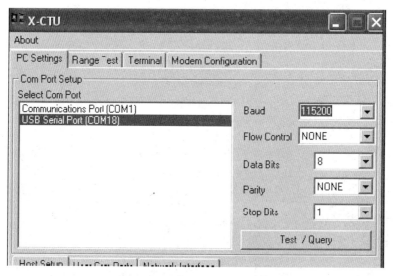

图9.7 终端设置波特率为115200

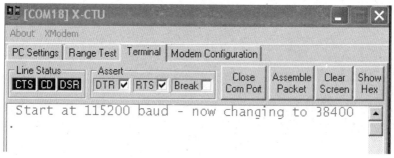

图9.8 以115200波特率发送的测试字符串

（6）输入一段测试字符串和回车，设备将会以38400波特率响应，如图9.9所示。

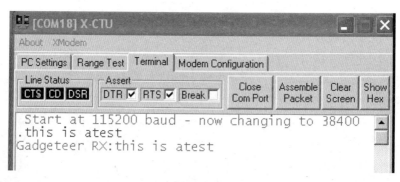

图9.9 测试字符串工作于38400波特率

9.2　串口信息数据处理

到目前为止，你可以简单地使用之前的项目代码发送或接收字符串消息。然而，对于以特定格式编码的数据来说，你必须建立一个串行消息处理协议来解析这类数据。以下让我们用一个例子来说明如何处理特定的串行协议。

这里专注于如何解码串行GPS接收器传来的NMEA编码数据，我们将会解码其中一种NMEA消息：包含修复数据的GGA信息。

NMEA数据以$GP为起始字符串，后面跟着三个字符的识别消息——消息数据与终止符<CR><LF>（回车与换行）。数据字节数及其代表的含义都在这三个识别消息里定义。由于这是基于ASCII的消息协议，我们可以使用Gadgeteer串行自动读取事件，并定义终止符为<CR><LF>（C#里使用\r\n）。

每个消息数据都以逗号分隔。消息可使用一个可选校验码。使用校验码时，校验码值后跟随着星号（*）的最后的终止符。校验码是 $ 与 * 之间所有字符的异或运算结果。将值转化为双字符字符串——应该是两个相同的校验码字符。这里并没有使用校验码，仅仅是用一个简单的例子来说明如何解码NMEA信息。

GGA语句定义如下：

```
FixTime,Latitude,N,Longitude,E,FixQuality,Number of
Satellites,HDOP,Altitude,Sea Level,empty,empty,checksum
```

我们可以扩展串行应用程序类，局部解码此NMEA字符串。首先，将终止符字符串改为<CR> <LF>（C#中使用\r\N）。在*SerialApp.cs*文件中，将InitAutoRead方法修改为

```
private void InitAutoRead()
    {
        //设置终止符,回车,换行
        m_port.LineReceivedEventDelimiter = "\r\n";
        m_port.AutoReadLineEnabled = true;

        //现在设置一个行RX处理器
        m_port.LineReceived += new
Serial.LineReceivedEventHandler(m_port_LineReceived);
    }
```

接着，添加NMEA语句解码器方法。将以下方法添加到代码：

```
private void HandleRxMessage(string strMessage)
    {
        if (strMessage.Substring(0, 6).Equals("$GPGGA"))
        {
            //我们有一个固定字串，拆分逗号分隔值
            string[] gpsData = strMessage.Split(new char[] {','});
            string longStr = gpsData[2] + gpsData[3];
            string latStr = gpsData[4] + gpsData[5];
            string fixQuality = gpsData[6];
            string numbOfSatsStr = gpsData[7];
            string HDOP = gpsData[8];

            Debug.Print("GPS:" + longStr + ":"
                + latStr + ":" +
                "fix :" + fixQuality +
                " Satellites " + numbOfSatsStr +
                " HDOP :" + HDOP);

            m_port.WriteLine("Longitude :" + longStr);
            m_port.WriteLine(("Latitude :" + latStr));
        }
    }
```

我们会将LineReceived处理器接收到的字符串传递给HandleRxMessage方法。
修改m_port_LineReceived处理器方法如下：

```
void m_port_LineReceived(Serial sender, string line)
    {
        Debug.Print("Line Rx : " + line);
        HandleRxMessage(line);
    }
```

我们可以通过检查前6个字符是不是$GPGGA，来判断字符串是不是NMEA GGA消息。如果是，利用string.split方法来将NMEA字符串拆分成独立的字符串数组。记住，NMEA数据字段间以逗号分隔。

接着，从字符串数组中加载相关信息字段到数据字符串。

所以，第3个和第4个数据字段是经度。我们只解码字段中的一部分。接着，输出值到调试文本，最终并把经度和纬度信息发送到串行端口。

使用X-CTU仿真GPS接收到的NMEA数据，从终端页面会看到从设备送回的解码后的经度与纬度信息。

　　下面是NMEA测试字符串：

`$GPGGA,123519,4807.038,N,01131.000,E,1,08,0.9,545.4,M,46.9,M,,*47 <cr><lf>`

　　X-CTU有一个"打包"功能，可以让我们输入完整的信息（十六进制或ASCII)，我们可以组合所有信息后发送给串行端口。最简单的方法是，先输入ASCII字符串，然后转成十六进制，并在最后加上0x0d,0x0a(<cr><lf>)终止符。

　　图9.10和图9.11展示了如何使用"打包"功能。

　　现在，可以编译和部署新串行应用程序并启动调试器了。然后，在Assemble Packet窗口输入NMEA字符串并点击Send Data按钮，解码信息并将经度和纬度信息发回终端程序。你将会看到图9.12的结果。

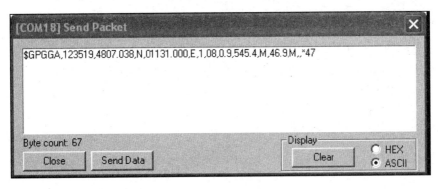

图9.10　"打包"ASCII数据

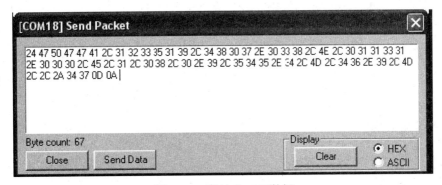

图9.11　"打包"HEX数据

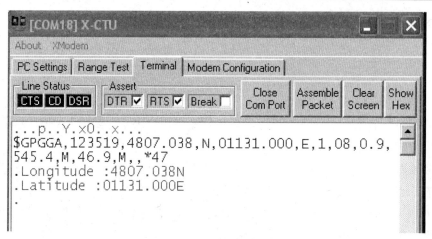

图9.12   完成数据转化

本章讨论了实现基于ASCII的信息协议的一般原则，还有一些串行ASCII协议的示例。最常见的两个是用于调制解调器和GSM设备的AT命令，以及GPS接收器的NMEA语句。基于此，你将可以轻松地处理这些数据。然而，串行协议处理有太多的内容，请参阅相关书籍进一步学习。

第 **10** 章

SD卡与文件处理

本章主要讨论数据文件的读写和数据储存设备上文件系统的使用。Gadgeteer提供公有类(StorageDevice)来处理文件相关操作。SD Gadgeteer模块可以使用该类的实例连接到当前插入的SD卡。StorageDevice类提供了下列功能:

- 列出目录
- 创建目录
- 列出目录内文件
- 创建/打开文件供数据写入
- 打开文件供读取
- 加载图片文件（JPEG、BMP、GIF）
- 删除目录

StorageDevice类使用标准的.NET文件I/O函数来执行这些任务。读写函数使用二进制数据（字节数组）。想要读写一个文本文件，必须将文本文件转换为二进制或使用.NET 流文件。

奇怪的是，StorageDevice类中没有删除文件的函数。因此我们使用.NET的一些函数来弥补删除文件的函数。本章着眼于如何使用这些.NET函数。本章也会介绍如何将数据保存为二进制的形式，在电源关闭与重启时让不同的应用程序使用；还会介绍如何将数据输入/输出为CSV（逗号分隔值）文件。

10.1　挂载和卸载可移动媒体

储存设备在Micro Framework和线程中称为"卷"，具有类似目录的功能（不像PC，根目录通常为*C:*）。储存设备会有其自己的根目录名，所有的操作都与该根目录名有关。

SD卡是一种可移动的媒体，会视情况做插入或移除动作。当SD卡插入后，会被检测到并自动挂载，Micro Framework会触发一个事件提示SD卡已插入。当SD卡移除时，也同样会触发事件。

有些主板并不会自动挂载插入的 SD 卡（如 GHI），但 Gadgeteer 4.1.0.500 提供了自动挂载 SD 卡的功能，所以如果使用的是 Gadgeteer 4.1.0.500，你也不用担心需要手动挂载 SD 卡。

一旦挂载SD卡，制造商的Gadgeteer设备固件会提供Gadgeteer存储设备实例。该类是一个Gadgeteer接口，与硬件无关。

我们首先介绍如何从两个不同主板（Sytech NANO 与GHI）获取储存设备实例。所不同的是，在API中通知应用程序SD卡已插入。

GHI主板定义了两个事件：

- SDCardMounted（sender, StorageDevice）
- SDCardUnmounted（sender）

Sytech NANO SD主板有一个组合事件：

- OnMediaChanged（sender, StorageDevice, isCardInserted）

上述各主板的结果是一样的：当SD卡插入后，系统会通知你并传送StorageDevice实例给你。移除SD卡时，你也一样会收到通知。一旦SD卡插入且挂载，应用程序就可以使用通用代码处理读/写文件，独立于硬件平台的使用。

示例应用程序将写为独立的通知机制，提供CardMounted(StorageDevice)和CardUnmounted()方法。在内部，使用**Gadgeteer** StorageDevice和**.NET** 文件IO方法。

相关SD卡模块挂载/卸载事件处理器将调用应用程序类装载/卸载方法，传入StorageDevice类。通过这种方式，我们可以专注于SD卡文件操作，使用独立的硬件。

10.2　GHI主板

我们从使用GHI主板开始。

首先创建Gadgeteer应用程序项目。添加GHI主板与GHI SD卡模块，使用GHI设计器连接GHI SD卡模块到主板Socket（参见第8章的Hydra主板）。

打开*Program.cs*文件，添加以下代码连接挂载/卸载事件。

SD 卡物理接口

SD 卡支持各种物理接口，最常见的两种为 4 位接口与 SPI 接口。一般而言，SPI 接口不支持 SDHC（高容量），所以只能访问 2GB 及以下的 SD 卡。4 位接口速度较快，但不是所有的硬件具有所需的 SD 卡控制器硬件。大部分 Micro Framework 端口都使用 SPI，因为它提供了移植代码"共同点"，大部分 ARM 处理器支持 SPI 却不一定有 SD 卡控制器。使用 4 位接口还存在许可问题，而 SPI 属于公有领域，不需另外付费。Gadgeteer SD 卡模块通常提供物理 SD 卡连接器，以连接到主板，在主板上实际执行的 SD 卡功能与主板有关。因此，不是所有的 SD 卡模块都可以用在任何主板上。

```
public partial class Program
    {
        //此方法在主板启动或重置时执行
        void ProgramStarted()
        {
            sdCard.SDCardMounted +=
                new SDCard.SDCardMountedEventHandler
                    (sdCard_SDCardMounted);
            sdCard.SDCardUnmounted +=
                new SDCard.SDCardUnmountedEventHandler
                    (sdCard_SDCardUnmounted);
            Debug.Print("Program Started");
        }
        /// <summary>
        /// 为SD卡创建事件处理器
        /// 无论何时，只要SD卡插入就调用该函数
        /// </summary>
        void sdCard_SDCardUnmounted(sDCard sender)
        {
            Debug.Print("Card UnMounted");
        }
        /// <summary>
        /// SD卡卸载事件
        /// 无论何时，只要SD卡拔出就调用该函数
```

```
    /// </summary>
    void sdCard_SDCardMounted(SDCard sender, GT.StorageDevice
        SDCard)
    {
        Debug.Print("Card Mounted");
    }
}
```

GHI SD卡模块提供了两个事件：SDCardMounted与SDCardUnmounted。在 ProgramStarted里，我们绑定事件处理器到这两个事件。当SD卡插入后，调用 CardMounted事件并挂载硬件，传递Gadgeteer StorageDevice接口实例到处理器。 每当SD卡弹出时，调用CardUnmounted事件处理器。接着，事件处理器输出调试文 本。随后，我们将StorageDevice实例传入应用程序。这里我们仅仅简单介绍如何 使用连接SD卡到GHI硬件。

10.3　Sytech NANO主板

NANO主板SD模块也提供以太网接口，然而这里我们只讨论SD卡的使用，不使用 以太网接口。模块SD Card固件提供SD挂载/卸载的单一事件，利用布尔值来判断SD卡 是否插入或弹出。

创建一个Gadgeteer应用程序项目，添加NANO主板与EthernetSD模块。在设计器中 连接模块到主板Socket 7。

打开*Program.cs*文件，添加以下代码连接挂载和卸载事件。

```
//此方法在主板启动或重置时执行
    void ProgramStarted()
    {
        ethernetSD.OnMediaChanged += (ethernetSD_OnMediaChanged);

        Debug.Print("Program Started");
    }
    void ethernetSD_OnMediaChanged(object sender,
                                    GT.StorageDevice sdCard,
                                    bool cardInserted)
    {
        if (cardInserted)
```

```
    {
        Debug.Print("Card Inserted");
    }
    else
    {
        Debug.Print("Card Removed");
    }
}
```

SD模块使用单一事件处理挂载和卸载。我们绑定一个事件处理器到该事件。在事件处理器里，我们测试布尔参数cardInserted：如果其为"真"，说明SD卡已插入；如果其为"假"，说明SD卡已弹出。SD卡插入后，Gadgeteer StorageDevice实例存在；SD卡弹出后，StorageDevice实例为空。

10.4　目录与文件处理

目录与文件处理的功能由.NET System.IO库函数所提供，该库是完整版.NET函数的一个子集。

卷与根目录

　.NET 的磁盘卷主要用 *C:* 等字母表示。如果在 PC 上连接插入 SD 卡的读卡器，你会在资源管理器中看见一个新的盘符。而在 Micro Framework 中，储存设备识别为根目录名，如 *\SD1*。这个名称根据主板制造商的 Micro Framework 端口文件系统而有所不同。

　该系统提供已安装卷的列表，并可从卷信息类中读取卷的根目录名称。所有的目录与文件操作都要在根目录或其子目录下进行，你必须提供绝对路径或设置当前路径到根目录，假设 SD 卡的根目录名为 *SD1*，你可以在该目录之下增加目录或文件，但是不能够在绝对根目录（\）访问文件。Gadgeteer StorageDevice 类自动添加根目录名，你可以从 StorageDevice 类的 RootName 属性得到根目录名，当你直接使用 .NET I/O 函数时，别忘了路径的根目录名称。

10.4.1 使用StorageDevice类

SD卡有一个文件系统式根目录。所有目录与文件操作皆从根目录开始。根目录名称由RootDirectory属性提供，所有StorageDevice类提供的目录与文件操作皆会隐藏该根目录——也就是说，传递路径到函数中时，它不会随根目录启动，而是由StorageDevice类函数添加。同样地，在路径返回给应用程序之前，返回路径中的函数都要剥下根目录名称。例如，设备*SD*根目录下有两个子目录——*Dir1*和*Dir2*，调用ListRootDirectorySubdirectories会返回两个路径的字符串数组，其实，真实的目录名称是\\ *SD* \\ *Dir1*和\\ *SD* \\ *Dir2*。

如果要在\\SD\\Dir1下增加目录Sub1，传入函数CreateDirectory(string ath)的路径需要剥除*SD*，如Dir1\\\\Sub1(CreateDirectorr("Dirl\\\\Sub1"))。根目录并没有传入你的路径，而是由StorageDevice.CreateDirectory函数添加。若你不是用StorageDevice类，而是直接操作.NET目录或文件函数，别忘记在你的目录中包含根目录。

> 路径里的分隔符通常用 \ 表示。然而，在 C# 中，\ 是字符串中使用的特殊字符，表示后面接的是控制字符。因此，字符串中包含的 \ 需要用 \\ 取代。作为替代方法，你也可以在路径最前面加上 @，关闭控制字符功能，这样 \\Dir\\SubDir\\ 就可以写为 @"\Dir\ SubDir\File"

图10.1显示了StorageDevice类结构。它提供了RootDirectory属性与插入SD卡的Volume属性。Volume提供了SD卡的数据，如文件系统（FAT16、FAT32）、卡的大小与剩余空间等。

10.4.2 目 录

类方法提供了在设备上列出目录的函数。你可以使用ListRootDirectorySub-Directories()列出根目录里所有的目录，或使用ListDirectories(string:path)方法指定子目录的路径。你也可以使用CreateDirectory(string:path)创建新的子目录。

传递路径相对于根目录。别把根目录置于你的目录中，因为它是由方法自动添加的。

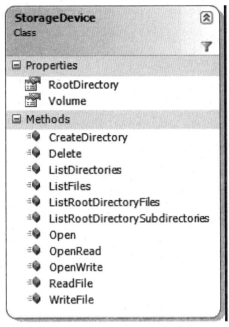

图10.1 `StorageDevice`类结构

例如，想要一个新目录[root]\mySubDir\mysubSubDir，别忘了移除[root]，表示成@"mySubDir\mysubSubDir "。函数Delete(string:path)用于删除目录。

> 你不能用该函数删除文件，如同IntelliSense注释中建议的。但是，如果删除目录，也会同时移除目录下的文件。目录必须存在，否则会引起系统异常；如果不处理，就会摧毁你的应用程序。下一节将会探讨如何捕获和处理该异常。

10.4.3 文 件

StorageDevice类提供了列出文件的函数，不论是根目录（ListRootDirectoryFiles()）还是子目录中的文件（ListFiles(string:path)）。使用ListFiles时，所列出的路径都是相对于根目录的，但是如同前述，写路径名称时不能将根目录放进去。这两个函数将返回字符串数组，作为查找文件的入口。

这个类也提供了几个读写文件的函数，但是不提供直接删除文件的函数。本节的末尾将介绍如何操作。

所有文件读写函数都使用.NET FileStream类处理二进制数据。如果要处理的是文本文件，必须先把文件转成二进制的格式。然而，有更简易的方法直接处理文本文件，后续项目里会说明如何直接处理类似逗号分隔文本文件的文本文件。

ReadFile与WriteFile函数允许你读取二进制文件，以字节数组回传二进制内容并将字节数组写入文件。在写文件时，若文件不存在，就会创建一个文件，反之，则会进行覆盖。ReadFile函数将路径传入文件。路径和文件必须存在，否则会引进系统异常，也不会处理，应用程序也会终止。这些通用原则适用于所有的文件类操作：如果尝试读取不存在的文件或写入不存在的目录位置，将引起异常，导致应用程序终止。

你可以用下面几种方式处理异常：

- 在一开始就检查路径的正确性
- 使用异常处理机制
- 同时使用上面两种方式

我们可以利用.NET *System.IO* Directory.Exists(path)或File.Exists(path)函数检查文件路径是否存在，两个方法都回传布尔值："真"表示路径存在，"假"表示路径不存在。如果使用WriteFile检查目录路径，创建文件时只需首先调用Directory.Exists传递路径：如果返回true，则可以继续调用WriteFile。如果你要读取文件，请先调用File.Exists(path)传递路径名和文件名：如果返回true，说明可安全地读取文件。

如果文件或目录函数导致出错，如目录不存在，就会引起系统异常。如果你没有捕获并处理该错误，应用程序将终止（崩溃）。我们通过try-catch函数包装文件处理调用，以捕获异常，告诉代码：如果尝试执行的代码中有错误，就捕获并处理。错误在捕获并处理后停止，应用程序继续执行。

以下代码显示了如何做到这一点：

```
try
{
sd.WriteFile("rubbish\\testfile.bin", buffer);
}
catch (Exception exc)
{
Debug.Print(exc.Message);
}
```

以上代码试着写字节数组缓冲区到*testfile.bin*文件中的buffer，而事实上rubbish

路径是不存在的，因此产生"directory not found"错误（异常）。由于我们使用try-catch语句处理错误——这里只是调试语句——执行WriteFile函数仍会失败，因为我们不能写到不存在的目录。catch语句会捕获并处理错误（异常），应用程序不会终止。注意，你的文件还未创建，需要代码处理该问题。

StorageDevice类中包含了一些文件读写函数。最简单的是ReadFile和WriteFile，可从文件中读写字节数组。

其他读写函数打开文件连接的文件流，利用FileStream类读写数据。

具体使用流和文件流的细节请参考微软的MSDN在线帮助系统，或使用Google等搜索引擎搜索"通用I/O任务 MSDN"。

StorageDevice类的OpenRead(string:filename)与OpenWrite(string:filename)函数将打开你在"文件名"参数中传入文件的相关新文件流。如果文件不存在，Write方法会创建一个文件，反之则会覆盖已存在的文件。而Read方法打开已存在的文件。如果文件名因为某原因无效，这两种方法将抛出异常。

文件流基于数据流类。数据流基本可看作字节，肯有读写数据的方法，也是序列中表示当前位置的指针。文件流是文件的预览，可读写数据。

文件流是一种资源，使用完毕后记得调用[filestream].Close()函数关闭。如果没有关闭文件（特别是打开的写入文件），应用程序终止或SD卡移除时，可能损坏文件。

以下示例说明OpenRead与OpenWrite函数：

```
// OpenRead与OpenWrite的方法示例
// SD是存储设备实例
string dirName = "testdir";
string testfile = "\\testfile.bin";
sd.CreateDirectory(dirName);
FileStream fileStm = null;
byte testByte = 1;
try
{
    fileStm = sd.OpenWrite(dirName + testfile);
    while (testByte< 100)

    {
```

```
        fileStm.WriteByte(testByte++);
    }
    fileStm.Close(); //关闭文件
    fileStm.Dispose(); //摆脱原始文件流
    }
    catch (Exception exc)
{
Debug.Print("error creating file");
}
// 现在读取测试文件
byte[] data;
try
{
    fileStm = sd.OpenRead(dirName + testfile);
    using (fileStm)
    {
    data = new byte[fileStm.Length];
    fileStm.Read(data, 0, (int)fileStm.Length);
    Debug.Print("read file length is " + data.Length);
    }
}
catch (Exception exc)
{
    Debug.Print("Error reading file");
}
```

　　首先创建文件，写入1~99的二进制值。我们使用OpenWrite函数创建一个连接到文件流的新文件，再使用.NET filestream.WriteByte函数将二进制数据添加到文件。接着，关闭文件。

　　我们将文件打开与写入的相关操作包装在try-catch循环，以确保错误发生时的异常处理。接着，打开新文件并读回数据。我们使用OpenRead函数返回文件流，连接到文件，然后使用.NET filestream.Read函数将数据读进字节数组。同样，再次将打开文件和读取代码部分包装在try-catch循环里，以防止文件错误。但是，我们也使用.NET简化并包装文件处理部分到using声明。using声明可以确保文件流资源在使用完毕后自动关闭。

　　剩下的StorageDevice类函数是Open(filepath,FileMode,FileAccess)。

这是最灵活的函数，允许打开文件流的文件、配置文件模式（打开、创建、追加等）与访问模式（读、写、读写）。以下代码将显示如何在OpenRead与OpenWrite示例中打开同样的文件使用，以允许读写测试文件。

打开测试文件供写入数据（创建或打开已存在的）：

```
fileStm = sd.Open(dirName + testfile, FileMode.OpenOrCreate,
    FileAccess.Write);
```

打开测试文件供读取：

```
fileStm = sd.Open(dirName + testfile, FileMode.Open, FileAccess.Read);
```

StorageDevice类里最后的LoadBitmap方法让你可以从SD卡里读取JPEG或BMP图形文件，并转成.NET BitMap实例，让硬件可以显示图形。在参数中可以传递文件路径和定义文件中图片类型（BMP、JPEG等）的枚举。

StorageDevice类里唯一缺少的就是文件删除函数，我们必须要利用.NET库中的System.IO.File类来取代。这个类是静态类，不需要创建实例就可以直接使用函数。File.Delete(string pathname)是一个相当安全的方法——如果"路径名"参数不存在，将不会出现任何异常；如果存在，即删除该路径下的文件。以下代码显示了如何使用该方法删除我们最近创建的测试文件：

```
File.Delete(dirName + testfile);
```

　　　　Micro Framework SDK 4.2 中的 Micro Framework API 函数快速参考，是一个安装在 SDK 文档目录下的 chm 文件，位于 [Program]\Microsoft .NET Micro Framework\v4.2\Documentation\Net MicroFramework Docs\PSDK.chm。然而 .NET Micro Framework 4.1 并没有提供编译的 chm 文件，建议你使用 .NET Micro Framework 4.2 与最新的 Gadgeteer 库。

以上是使用StorageDevice Gadgeteer类读写文件的基本原理。正如你所看到的，类处理读写二进制文件，读取图形文件。

现在，我们看一些文件处理项目的真实例子。我们将会讨论如何将数据存成二进制文件，如何从二进制文件里读出数据（序列化与反序列化）。此外，也会探讨如果使用文本文件保存数据到纯文本，还是逗号分隔格式，适用于导入Excel类电子表格，对数据记录应用程序和导入大量数据到应用程序非常有用。

10.5 保存与恢复设置数据项目

在这个项目里，我们将会学到如何编写一个具有设置与组态数据的类，并将其序列化。也就是说，我们可以将类里的数据内容保存为字节数组缓冲区，或者加载数据内容到字节数组缓冲区，并存为二进制文件。我们将序列化数据保存到二进制文件，之后便可以从文件读取缓冲区并使用缓冲区重载类。要将类序列化，我们必须利用特殊属性标签的进行标记，让.NET Micro Framework可以识别并进行处理。将类序列化时，序列化数据中将使用所有的公有、私有和保护字段（全局变量）。如果不希望保存这些字段，可以使用属性标签标记，使它们不包含在内。（更详细的序列化介绍，请参考MSDN .NET文档）

在示例的类里，会定义一些数据字段用于应用程序，序列化后储存到文件。下次启动应用程序时，如果找到二进制文件及其中的数据，应用程序会加载设置类的实例，使用二进制文件中的值。这可以让我们生成应用程序数据，然后保存到SD卡，在下次启动时可以复用。需要保存应用程序之间的会话时，这对设置和组态数据很有用。

Micro Framework 序列化产生二进制数据不同于同级的桌面 .NET 功能。这是因为 Micro Framework 版本优化数据的方式不同，因此可以更有效的方式存储。你不能直接使用 Micro Framework 序列化数据文件，在桌面系统中反序列化到同样的类。如果一定要这么做，就需要写一个自定义序列化类处理不同的数据格式。

10.5.1 添加类到项目

通过你创建的项目验证使用媒体插入/弹出事件，或者创建一个包含主板与SD模块的新项目。为测试应用程序，在项目里添加一个`SerializeTest`类。再添加一个`SetupData`类，这将是我们的序列化数据类。

二进制设置文件将会存储在SD卡里，因此你不能访问，除非插入SD卡。访问SD卡时，通过连接一个事件处理器到主板卡插入事件，将`StorageDevice`实例传入测试应用程序`SerializeTest`类。如前所述，每种主板的事件不尽相同。在卡插入时，`StorageDevice`实例传入测试应用程序。

　　如果主板上电时SD卡已经插入，你很可能看不到卡插入事件。因此，上电时需要检查SD卡是否已经插入。大多数制造商的固件提供CardInserted属性，以确认SD卡是否插入。如果卡已插入，可以使用定时器延迟运行测试应用程序，因此Framework首先运行。如果没有卡，卡插入事件将运行测试应用程序（Framework运行之后）。

　　1. 实现SetupData类

　　这个类具有组态数据字段，并标记成可序列化，可以转换成字节数组或从字节数组加载。它包含了一些示例测试字段。序列化过程将使用所有字段，包括私有、公有、保护。测试数据字段则包含了示例字符串字段与一些整数值，以及字节数组。

　　将以下代码输入SetupData类文件：

```
using System;
namespace SerializeSD
{
    /// <summary>
    /// 示例：配置数据类可以序列化
    /// </summary>
    [Serializable]
    public class SetupData
    {
        public int SetupInt;
        public string SetupString;
        public uint NumberOfUses;
        private DateTime LastUse;
        public byte[] TestArray;

        public SetupData(string testStr)
        {
            SetupString = testStr;
            TestArray = new byte[1];
            SetupInt = 0;
            NumberOfUses = 1;

            LastUse = DateTime.Now;
        }
        public void IncUses()
        {
            NumberOfUses++;
```

```
    }
    public void SetDateTime()
    {
        LastUse = DateTime.Now;
    }
    public override string ToString()
    {
        return LastUse + ": uses " + NumberOfUses + ":" +SetupString;
    }
    }
}
```

以上代码的关键是类定义的属性标签：

```
[Serializable]
    public class SetupData
```

属性在括号中——[Serializable]，表示定义后面的公有、私有字段和方法皆会被序列化。这就是所有你需要启用的特性，你可以定义一些公有、私有字段和一些方法访问。你可以设置时间戳字段，保存字符串描述，并添加一个字段对使用计数。这里还定义了一个字节数组。（这只是一个序列化类的基本演示，更详细的内容请参考MSDN文档）

2. 实现SerializeTest类

在我们的测试应用程序里，序列化与反序列化SetupData，SD卡文件的读写，都是利用SerializeTest类。

它使用默认的目录和文件名，通过常量定义。我们使用目录*Setup*，将二进制文件命名为*SetData.Bin*。它只有在SD卡插入后才能读取设置二进制文件，所以它有一个Setup方法。获取传入其函数参数的StorageDevice实例。该方法将在正确的目录中检查设置文件，如果找到，便读取二进制数据，随后用这些数据创建新的SetupData实例，初始化保存值。如果文件不存在，这个方法会创建一个默认的SetupData实例，并确保其所需目录在SD卡上。

一旦创建新的SetupData实例，便可用于应用程序。另一个方法用于处理SD卡的移除，避免读取不存在的SD卡。在我们的示例里，主*Program.cs*文件将会包含卡插入事件处理器，并在卡插入或弹出时通知测试应用程序类。

以下为SerializeTest类的代码：

```csharp
using System.IO;
using Gadgeteer;
using Microsoft.SPOT;

namespace SerializeSD
{
    public class SerializeTest
    {
        private string m_filePath;
        private SetupData m_setUpData;
        private StorageDevice m_sd;
        public const string DEFAULT_DIR = "Setup";
        public const string DEFAULT_FILE = "SetData.bin";
        private bool m_cardInserted = false;

        public SerializeTest()
        {
            m_filePath = DEFAULT_DIR + "\\" + DEFAULT_FILE;
            //创建数据的默认实例
            m_setUpData = new setupData("first use");
        }
        public void OnCardInserted(storageDevice sd)
        {
            m_sd = sd;
            if (File.Exists(m_sd.RootDirectory + "\\" + m_filePath))
            {//有保存设置文件
                byte[] buffer = m_sd.ReadFile(m_filePath);
                m_setUpData = (SetupData)Reflection.Deserialize(buffer,
                                                    typeof(SetupData));
            }
            else
            { //没有文件，因而创建新的设置数据
                if (Directory.Exists(sd.RootDirectory + "\\" +

                    DEFAULT_DIR) == false)
                {//没有数据文件目录，因而创建
                    m_sd.CreateDirectory(DEFAULT_DIR);
                }

            }
```

```
    m_cardInserted = true;
}
public void OnCardEjected()
{
    m_cardInserted = false;
    m_sd = null;
}
/// <summary>
///获取设置安据
/// </summary>
public SetupData GetSetup
{
    get { return m_setUpData; }
}
/// <summary>
/// 将设置保存到SD卡
/// 仅当有SD卡时
/// </summary>
/// <returns>true if success</returns>
public bool SaveSetupData()
{
    if (m_cardInserted)
    { //仅当SD卡插入时
        byte[] buffer = Reflection.Serialize(m_setUpData,
            typeof(setupData));
        m_sd.WriteFile(m_filePath, buffer);
    }
    returnm_cardInserted;
}

/// <summary>
/// 删除所有保存的设置文件
/// </summary>

public void DeleteSetupFile()
{
    if (m_cardInserted)
    {
        File.Delete(m_filePath);
```

```
            }
        }
    }
}
```

两个关键部分读取二进制文件，用这些数据（反序列化）创建新的SetupData类实例，接着序列化数据到所有字段值（序列化）创建的字节数组，最后保存数据缓冲区到文件。读取与创建新数据代码在OnCardInserted()函数里。接着，我们确认SD卡里是否有正确的文件，如果文件存在，则使用StorageDevice类的ReadFile函数读取二进制文件，提供字节数组及所需数据。紧接着，使用该数据缓冲区创建StorageDevice类的新实例，使用.NET Deserialize函数，如以下代码：

```
byte[] buffer = m_sd.ReadFile(m_filePath);
m_setUpData = (SetupData)Reflection.Deserialize(buffer,
                                          typeof(SetupData));
```

第一行从文件读取二进制数据。我们用Reflection.Deserialize函数创建类实例。通过使用的数据告诉它所创建的类的类型。该函数将返回对象类型，即使告诉了它所创建的类的类型，还是要将结果强制转换为SetupData类。现在，m_setUpData是新实例，植入我们保存的数据。

在SaveSetupData函数中保存SetupData类到文件。这将使用Reflection.Serialize函数创建数据字段的字节数组，然后就可以另存为二进制文件到SD卡，如以下代码：

```
public bool SaveSetupData()
{
    if (m_cardInserted)
    { // 仅当SD卡插入时
    byte[] buffer = Reflection.Serialize(m_SetUpData,
    typeof(SetupData));
        m_sd.WriteFile(m_filePath, buffer);
    }
    return m_cardInserted;
}
```

再次强调，调用序列化函数时，需要告诉它我们正在转换的类的类型，并给它欲转换的实际的类实例。之后就简单了，使用StorageDevice类的WriteFile函数保存字节数据到SD卡。

10.5.2 Program.cs文件

最后的部分是*Program.cs*文件。我们需要为卡插入/移除事件添加事件处理器，并以卡插入事件通知测试应用程序，以便从文件加载设置数据。在此之后，我们做了数据测试，在调试文本输出中列出关键值，然后更新设置值并保存回文件。

在这个例子中，每当插入SD卡时，便使用和修改新的设置数据。正如前面提到的，如果上电时已经插入SD卡，你很可能不会获取卡插入事件。为了处理这种情况，应用程序启动时检查卡是否插入。如果卡已经插入，则使用定时器延迟直至应用程序框架启动；当定时器触发时，即认定卡已经插入。

卡插入/弹出事件处理器将调用*SerializeTest*类相关函数。

*Program.cs*代码如下：

```
using Microsoft.SPOT;
using GT = Gadgeteer;
using Gadgeteer.Modules.Sytech;
using Timer = Gadgeteer.Timer;

namespace SerializeSD
{
    public partial class Program
    {
        private SerializeTest m_testApp;
        // 此方法在主板启动或重置时执行
        void ProgramStarted()
        {
            m_testApp = new SerializeTest();
            ethernetSD.OnMediaChanged += new EthernetSD.
                MediaChangeHandler(ethernetSD_OnMediaChanged);
            if (ethernetSD.CardInserted)
            { // 上电时卡已经插入
                m_testApp.OnCardInserted(ethernetSD.SDCard);
                // 当卡插入时，在应用程序运行后获取设置数据
                GT.Timer timer = new GT.Timer(500, Timer.BehaviorType.
                    RunOnce); // 每秒 (即1000ms)执行
                timer.Tick += new Timer.TickEventHandler(timer_Tick);
                timer.Start();
```

```
    }
    //在调试时，使用Debug.Print事件将信息显示在Visual Studio输出窗口
    Debug.Print("Program Started");
}

void timer_Tick(Timer timer)
{
    TestConfiguration();
}
private void TestConfiguration()
{
    SetupData data = m_testApp.GetSetup;
    Debug.Print(data.ToString());
    UpdateConfiguration();
}
private void UpdateConfiguration()
{
    SetupData data = m_testApp.GetSetup;

    //将测试数据置入设置数组
    byte[] testarray = new byte[10];
    for (int x = 0; x < 10; x++)
    {
        testarray[x] = (byte)(x + 10);
    }
    data.TestArray = testarray;
    data.IncUses();
    int testint = data.SetupInt;

    data.SetupString = "change the string:" + testint++;
    data.SetupInt = testint;
    data.SetDateTime();
    //现在保存
    m_testApp.SaveSetupData();
    Debug.Print("Setup Data Updated");
}
void ethernetSD_OnMediaChanged(object sender,
                               GT.StorageDevice sdCard,
                               bool cardInserted)
```

```
    {
        if (cardInserted)
        {
            Debug.Print("card inserted");
            m_testApp.OnCardInserted(sdCard);
            TestConfiguration();
        }
        else
        {
            Debug.Print("card removed");
            m_testApp.OnCardEjected();
        }
    }
}
}
```

 以上代码适用于 Sytech NANO 主板。若你使用的是 GHI 主板，代码非常相似，但卡插入 / 弹出所用的事件需稍做修改，参见本章内容。

如果在硬件上编译并运行以上代码，工作情况如下。

检测到SD卡时，检查其中是否有配置文件：如果没有，则创建默认设置数据实例；如果有二进制文件，则加载设置数据，在调试输出窗口列出设置数据关键值。更新设置文件时，将会置入新的时间戳的值，增加配置文件的使用次数，添加一些虚拟数据到字节数组。随后，将新的设置数据保存到SD卡。

如果移除SD卡并再度插入，则重复该过程，并显示文件如何更新。如果关闭设备电源后重启，检测到SD卡时，则使用最后一次的设置数据文件初始化。

该项目展示了如何将应用程序数据存到文件，然后从文件中重建数据对象。这使得以相当复杂的数据结构保存的数据可以用很简单的方式恢复。能够保存与恢复数据是嵌入式项目的基本要求。

10.5.3　Micro Framework 扩展弱引用

不用SD卡保存/恢复应用程序数据的另一种方式法是，使用.NET Micro Framework 扩展弱引用（Extended Weak References）。这也是将数据对象保存到主板Flash的序列化方法。然而，主板需要能够提供这种用法的Flash存储器区域。不是所有的主板都能做到这一点，这与Flash存储器数量有关。另外，不同的主板提供不同数量的Flash存储器用于此目的。一般而言，这块区域相当小，如果尝试保存大量的数据，就会覆盖一些旧数据。使用SD卡并序列化，是比较灵活的主板解决方案。你还可以把设备创建的数据保存到SD卡，然后将SD卡插入不同的设备（运行兼容软件）并使用同样的数据。

10.6　文本与CSV文件项目

现在，我们探讨如何使用文本文件，并使用标准的文本格式读写记录。文本文件由行和可读字符组成，每一行都以着回车和换行符终止。读写文本文件时，要处理的是字符串，而不是字节数组。特别是，我们会使用格式化文本文件记录数据，如CSV文件。

CSV是用来储存表格数据的文本文件。大多数电子表格应用程序都支持导入和导出CSV格式数据。每行都是一个记录（或电子表格的行）。行的每个数据值（或列）以纯文本表现，每个值之间以逗号分隔。例如，CSV文件可能包含日期、金额、数量：

```
"24/07/12,47.99,100<cr><lf>"
```

10.6.1　简易文本记录器项目

本项目将会创建一个简单的文本记录器，可以打开文本文件并添加记录字符串。每个记录字符串都会追加时间戳。

如果文件存在，则在末尾添加新条目。在真实的记录器中，会监控文件的大小，当文件超过定义的大小时，会关闭该文件，并打开一个新文件，避免文件过大造成错误。一般而言，文件在关闭前不会被写入。在我们的例子里，会添加十项记录条目并关闭文件。更安全的做法是，在追加模式下打开/关闭文件，添加条目后关闭文件。为每个条目打开/关闭文件需要较长的时间，但是写入强大的文件时更安全。

我们使用.NET StreamWriter类写文本文件，并打开物理文件关联的文本流。你可以在创建、覆盖、追加模式下打开文件。在追加模式下，已经存在的文件打开，新文本则添加到文件的末尾。我们使用StreamWriter.WriteLine函数将字符串数据添加到文件。这个函数会在文本末尾添加行终止符，默认是回车/换行符。你也可以使用StreamWriter.NewLine属性更改终止符，传递包括终止符的字符串。

添加新的Gadgeteer项目并命名为TextFile，添加主板与SD模块。我们的示例使用的是Sytech NANO主板和SD模块。添加名为*Logger.cs*新类到项目。这便是我们的文本记录器类。

1. Logger.cs

添加以下代码到*Logger.cs*文件：

```
using System;
using System.IO;
namespace TextFiles
{
    /// <summary>
    ///简单的文字记录器类
    /// </summary>
    public class Logger
    {
        private StreamWriter m_logFile;
        public bool FileOpen { get; private set; }
        public Logger(string path, string logname)
        {
            if (Directory.Exists(path) == false)
            { // 创建目录
            Directory.CreateDirectory(path);
            }
            string filename = path + "\\" + logname;
            m_logFile = new StreamWriter(filename,true);
            FileOpen = true;
            AddEntry("logger opened");
        }
        public void AddEntry(string logEntry)
        {
        if (FileOpen)
```

```
        {
            string entry = DateTime.Now.ToString() + ":" +logEntry;
            m_logFile.WriteLine(entry);
            m_logFile.Flush();
        }
    }

    public void CloseLog()
    {
        if (FileOpen)
        {
            AddEntry("logger closed");
            FileOpen = false;
            m_logFile.Close();
            m_logFile.Dispose();
        }
    }
}
```

在构造函数里，传入我们想要用于记录器的目录路径与文件名。检查目录是否存在，如果不存在，就创建一个。接着，创建新的StreamWriter实例，使用记录器的路径与文件名。然后，添加初始条目标记文件打开。

AddEntry方法将我们要添加到记录器的字符串当作参数。我们获取当前数据与时间创建时间戳，并将它放入字符串。接着，调用StreamWriter.WriteLine函数将字符串添加到文件，在字符串的末尾添加行终止符（默认为<cr><lf>）。然后，调用Flush函数尝试写入数据到条目。然而，大多数硬件现在不会写入完整的文件，直到文件关闭。

最后是CloseLog函数，在添加文件关闭记录条目后关闭StreamWriter。

2. Program.cs

我们的测试应用程序在*Program.cs*里，会添加事件处理器检测SD卡是否插入。SD卡插入后，会创建我们简单的记录器类，然后使用定时器每隔0.5s写一个条目到记录器。写入10个条目后，关闭文件。如果移除SD卡再插入，将会打开记录文件并重复该过程，但此时记录条目会追加到之前的会话末尾。

添加以下代码到*Program.cs*：

```csharp
using Gadgeteer;
using Microsoft.SPOT;
using GT = Gadgeteer;
using Gadgeteer.Modules.Sytech;
using Timer = Gadgeteer.Timer;

namespace TextFiles
{
    public partial class Program
    {
        private Logger simpleLogger;
        private int entries;
        private GT.Timer timer;
        //此方法在主板启动或重置时执行
        void ProgramStarted()
        {
            ethernetSD.OnMediaChanged += new EthernetSD.
                MediaChangeHandler(ethernetSD_OnMediaChanged);
            timer = new Timer(500);
            timer.Tick += new Timer.TickEventHandler(timer_Tick);
            entries = 0;
            if ( ethernetSD.CardInserted)
            {
                InitLogger(ethernetSD.SDCard);
            }
            //在调试时，使用Debug.Print事件将信息显示在Visual Studio输出窗口
            Debug.Print("Program Started");
        }
        void timer_Tick(Timer timer)
        {
            entries++;
            if (entries < 10)
            {
                simpleLogger.AddEntry("Log entry :" + entries);
            }
            else
            {
                timer.Stop();
```

```
            entries = 0;
            simpleLogger.CloseLog();
            Debug.Print("close log file");
        }
    }

    void InitLogger(StorageDevice sd)
    {
        string dir = sd.RootDirectory + "\\logDir";
        simpleLogger = new Logger(dir, "logger01.txt");
        timer.Start();
        Debug.Print("Open log file");
    }
    void ethernetSD_OnMediaChanged(object sender,
                                GT.StorageDevice sdCard,bool
                                cardInserted)
    {
        if (cardInserted)
        {
            InitLogger(sdCard);
        }
    }
    }
}
```

这段代码与之前的项目类似。我们绑定事件处理器到卡检测事件。在应用程序启动时，还要检查卡是否已经插入，因为我们还没有发现卡插入事件。如果卡已插入或应用程序启动时已经插入，则调用InitLogger方法，定义要用的记录目录并创建新的记录器，传入要用的目录和记录器文件名。然后，启动定时器，每0.5s触发一次。定时器处理器将生成记录条目及数量，然后将这些字符串写入记录器。写入10个条目（大约5s）后，记录器关闭。

如果编译并部署该应用程序，插入SD卡后，将写入10个记录条目。如果移除并重新插入卡，10个条目会有所增加。如果移除卡后在PC上用读卡器读取，你会在*logDir*中看到名为*logger01.txt*的文件。打开该文件（这只是一个文本文件），你会看到记录器条目。以下是记录文件的示例内容：

```
01/01/2009 00:00:29:logger opened
01/01/2009 00:00:30:Log entry :1
01/01/2009 00:00:30:Log entry :2
01/01/2009 00:00:31:Log entry :3
01/01/2009 00:00:31:Log entry :4
01/01/2009 00:00:32:Log entry :5
01/01/2009 00:00:32:Log entry :6
01/01/2009 00:00:33:Log entry :7
01/01/2009 00:00:33:Log entry :8
01/01/2009 00:00:34:Log entry :9
01/01/2009 00:00:34:logger closed
```

10.6.2 CSV文件项目

这个项目里会使用CSV文件从SD卡加载数据到应用程序。应用程序也会保存数据记录到文件。这使得数据记录可以简单地从SD卡文件加载从电子表格或其他桌面应用程序导出的数据。

我们将客户忠诚度卡记录加载到记录的一个数组。每项记录都有卡号、卡积分上限、当前积分和客户名称。当客户出示其忠诚度卡时，应用程序会从卡中读取卡号，然后从我们加载的记录中查找客户详细信息。

CSV文件用法的另一个示例是GPS记录系统。该系统每分钟读取一次GPS位置，也读取一些其他数据，如环境温度、大气压力等。接着，将这些数据作为CSV数据记录保存到SD卡。一天结束后，移除SD卡，数据可以读入电子表格应用程序并生成报告。

此时，打开文件，写入数据记录，然后关闭文件。

数据记录的格式是字符串，用逗号分隔每个字段。读写文件记录使用Stream Writer，因为数据是文本。读取记录时，以逗号分隔每个字段。我们可以使用Split函数分隔字符串中的每个字段，以逗号作为标记。字段中的元素形成字符串数组。请注意，我们可以用其他字符或字符组合定义分隔符。

为了对记录进行编码，通过添加以逗号分隔的每个字段值生成字符串。

保持面向对象的原因，我们为记录创建一个类，以处理CSV字符串字段的的编码和解码，标记每个可用字段。当记录的格式改变时，我们只要修改这一个类就可以了。

创建一个名为CSVApp的新Gadgeteer项目，添加主板与SD模块。我们将在本项目中使用Sytech NANO和SD模块。

1. 添加Record.cs类

添加名为*Record.cs*的新类到项目，封装示例的忠诚度卡记录。记录中有字符串卡号、允许的最大积分整数值、当前积分整数值、客户名字符串，分别会编码成CardNumber、Max_Value、Points、CustomerName。所有字段都以字符串表示。构造函数允许有缺省记录、零值，以及CSV编码字符串构成的记录。我们还有允许记录值加载或修改CSV字符串。注意，在这个过程中我们必须将以字符串形式表示的整数值转换为实际的整数。

我们可以从属性读取实际字段值，获取值的CSV字符串。最终，为了记录目的，以ToString函数显示每个字段的内容。该类的代码非常简单，不言自明。

以下是记录类的代码：

```
namespace CSVApp
{
    public class Record
    {
        public string CardNumber { private set; get; }
        public uint Max_value { private set; get; }
        public uint Points { private set; get; }
        public string Cust_name { private set; get; }
        public Record()
        {
            CardNumber = "UnKnown";
            Max_value = 0;
            Points = 0;
            Cust_name = "Unknown";
        }
        public Record(string csvEntry):this()
        {
            LoadfromCSV(csvEntry);
        }
        public void LoadfromCSV(string csvEntry)
        {
            string[] fields = csvEntry.Split(new char[] {','});
            // 简单错误检查
            if (fields.Length == 4)
            {
```

```
            CardNumber = fields[0];
            Max_value = uint.Parse(fields[1]);
            Points = uint.Parse(fields[2]);
            Cust_name = fields[3];
        }
    }
    public string ToCSV()
    {
        string csv = CardNumber + "," +
                     Max_value.ToString() + "," +
                     Points.ToString() + "," +
                     Cust_name;
        return csv;
    }
    public override string ToString()
    {
        return CardNumber + ":" +
                     Max_value.ToString() + ":" +
                     Points.ToString() + ":" +
                     Cust_name;
    }
    }
}
```

2. 添加CSVHandler.cs类

添加名为*CSVHandler.cs*的类到项目。这个类负责读写CSV文件中的记录，也会用ArrayList从CSV文件加载记录。

ArrayList是对象的集合。不同于一般的固定数组，其数组列表（项目数）的大小是动态的，会随着你增加更多的项目而增长。它提供读取CSV文件记录并存进ArrayList的函数，提供记录的数组列表作为属性。

LoadFromFile()函数会从CSV文件加载记录的数组列表，传入路径参数。这将使用StreamReader打开文件，读取文件的每一行（记录），并使用CSV字符串创建新的记录实例。然后，将记录实例添加到数组列表，返回从文件读取的记录数量。

AddRecordToFile()函数将添加以路径传递到文件的记录。它使用StreamWriter（追加模式）打开文件，从记录实例获取CSV字符串并写入文件。文件在写入完成后关闭。

CSVHandler.cs类的代码如下：

```
using System;
using System.Collections;
using System.IO;
using Microsoft.SPOT;

namespace CSVApp
{
    public class CSVHandler
    {
        public ArrayList Records { private set; get; }

        public CSVHandler()
        {
            Records = new ArrayList();
        }
        public int LoadFromFile(string filepath)
        {
            int items = 0;
            if (File.Exists(filepath))
            {
                string csvrecord;
                StreamReader csvFile = new StreamReader(filepath);
                bool hasdata = true;
                using(csvFile)
                {
                    do
                    {
                        csvrecord = csvFile.ReadLine();
                        Record nxRecord = new Record(csvrecord);
                        Records.Add(nxRecord);
                    } while (!csvFile.EndOfStream);
                }
                items = Records.Count;
            }
            return items;
        }

        public bool AddRecordToFile(Record record, string filePath)
```

```
    {
        bool success = false;
        try
        {
            StreamWriter csvFile = new StreamWriter(filePath,true);
            csvFile.WriteLine(record.ToCSV());
            csvFile.Close();
            csvFile.Dispose();
            success = true;
        }
        catch (Exception)
        {
            Debug.Print("Error writing to CSV File");
        }
        return success;
    }
  }
}
```

3. Program.cs

应用程序的最后一部分在*Program.cs*文件中。我们会添加一个处理器到SD模块卡插入事件，以检测卡是否插入。正如之前的项目，还在应用程序启动时检测卡是否插入。检测到卡时，运行我们的测试代码。

*Program.cs*文件的代码如下：

```
using System.Collections;
using System.IO;
using Gadgeteer;
using Microsoft.SPOT;
using GT = Gadgeteer;
using Gadgeteer.Modules.Sytech;
using Timer = Gadgeteer.Timer;

namespace CSVApp
{
    public partial class Program
    {
```

```
private CSVHandler fileHandler;
private const string DIR_NAME = "\\CSVDir";
public const string FILE_NAME = "\\CSVRecs.csv";
//此方法在主板启动或重置时执行
void ProgramStarted()
{
    fileHandler = new CSVHandler();
    ethernetSD.OnMediaChanged += new EthernetSD.
        MediaChangeHandler(ethernetSD_OnMediaChanged);

    if (ethernetSD.CardInserted)
    {// SD卡已插入
        GT.Timer timer = new Timer(500,Timer.BehaviorType.
            RunOnce);
        timer.Tick += new Timer.TickEventHandler(timer_Tick);
        timer.Start();
    }
    //在调试时，使用Debug.Print事件将信息显示在Visual Studio输出窗口
    Debug.Print( "Program Started" );
}

void timer_Tick(Timer timer)
{
    TestCSVFile(ethernetSD.SDCard);
}
void ethernetSD_OnMediaChanged(object sender,
                                GT.StorageDevice sdCard, bool
                                cardInserted)
{
    if (cardInserted)
    {
        TestCSVFile(sdCard);
    }
}
private void TestCSVFile(StorageDevice sdCard)
{
    string directory = sdCard.RootDirectory + DIR_NAME;
    if (Directory.Exists(directory) == false)
    {
```

```
                Directory.Createdirectory(directory);
        }
        string path = directory + FILE_NAME;
        if ( File.Exists(path)== false)
        {// 创建一个虚拟的CSV文件
            CreatTestCSV(path);
        }
        else
        { //文件存在，所以加载它
            fileHandler = new CSVHandler();
            int numRecords = fileHandler.LoadFromFile(path);
            Debug.Print("Loaded " + numRecords + " from file");
            ArrayList list = fileHandler.Records;
            foreach (Record item in list)
            {
                Debug.Print(item.ToString());
            }
        }
    }
/// <summary>
//将CSV记录写入文件的示例，用于创建不在SD卡上的测试文件
/// </summary>
/// <param name="path"></param>
private void CreatTestCSV(string path)
{
    Debug.Print("Creating test CSV file");
    CSVHandler testhandler = new CSVHandler();
    Record testRecord = new Record("123456,10000,345,Fred J");
    testhandler.AddRecordToFile(testRecord, path);
    testRecord.LoadfromCSV("1239996,10000,105,John G");
    testhandler.AddRecordToFile(testRecord, path);
    testRecord.LoadfromCSV("1786555,5000,96,Sarah P");
    testhandler.AddRecordToFile(testRecord, path);
    Debug.Print("Test file created");
    }
}
}
```

测试代码会检查CSV目录中是否有CSV文件。字符串内容设置了目录名和文件名。如果文件不存在，则会创建一个测试的CSV文件并写入卡。这是一个写入CSV文件的示例。为此，函数创建CreateTestCSV(path)。它会创建三个测试记录及数据，然后写入CSV文件。

如果卡已经插入，也有CSV文件，则使用CSVHandler类将文件中的记录加载到记录数组中。然后，遍历记录数组，将每个记录的详细信息显示到调试输出。

首次运行应用程序时，CSV文件通常不在SD卡上，除非你事先就放进去。因此，第一次运行时应用程序会创建一个测试文件。之后，如果移除/插入SD卡，将创建新的CSV文件，用于加载记录数组。

你可以移除SD卡，插入PC读卡器。导航到*CSVDir\CSVRecs.csv*，打开文件（文本文件），你会看到每个逗号分隔的记录。你也可以用Excel等电子表格应用程序打开文件，查看记录。使用文本编辑器或电子表格添加一些新的记录，然后保存文件（在Excel中保持其为CSV文件，别转换成工作表）。现在，如果从PC读卡器中移除SD卡（先弹出），你可以在测试应用程序中读到修改后的记录。不论是在Visual Studio中运行应用程序，还是在MFDeploy中使用设备连接功能查看调试文本，你都会看到调试输出。现在，当你插入SD卡时，读取CSV文件，提取记录，然后将记录汇总显示于调试窗口。

10.7 小 结

本章探讨了使用SD模块与Gadgeteer StorageDevice类的工作原理。我们还介绍了如何扩展StorageDevice类提供的功能，启用直接处理文件函数。

我们也探讨了如果使用二进制文件保留应用程序数据，从而用于断电后应用程序的下一次会话。

最后，我们使用文本文件代替二进制文件，看看如何使用文本文件创建一个简单的文本记录器，以及如何使CSV文件从应用程序导入/导出数据到电子表格与数据库应用程序。

第11章
以太网和Web设备项目

本章将介绍使用以太网连接的项目。我们将探讨使用TCP/IP服务器（Server）和客户端（Client）通信的基本原则，以及Web服务器和Web客户端。

Gadgeteer主板都支持以太网功能，有的是直接把以太网硬件集成到主板，有的是连接外部Ethernet模块。通常是使用SPI接口连接外部Ethernet模块，处理器和.NET Micro Framework之间的底层本地驱动特定于主板硬件。如果以太网硬件集成到主板，Ethernet模块的连接器通常是RJ-45。以一般来说，以太网硬件模块是制造商特定的——也就是说，你要使用主板配套模块。

以太网 SPI 模块

当以太网硬件整合于外部模块的时候，大多数制造商使用相同的微芯片（SPI以太网芯片）。这个单芯片提供以太网功能，以及主本 SPI 接口。Micro Framework 移植工具自支持以太网以来，便提供了示例驱动——这也是这种硬件普遍的原因。但是，模块到主板的排线引脚通常因制造商不同不有所差异，主要是中断、片选和复位针脚。所以，即使硬件几乎是相同的，Gadgeteer Socket 引脚的使用不同。在购买 Ethernet 模块之前，需要确认你的主板是否支持。

但对于应用程序软件接口来说，它们都有相同的.NET Micro Framework接口。制造商可能会添加一些特别的接口，如检查网络连接的方法。

在代码示例中，我们仅使用.NET Micro Framework的API函数，所以代码适用于任何主板。

在应用程序中使用以太网，实际上并没有直接访问以太网硬件；相反，使用的是网络socket。不要和Gadgeteer上的Socket混为一谈，后者是主板上封装物理连接器的插槽，用来连接模块。socket封装的是整个计算机网络连接进程间通信流的一个端点，基于互联网协议（IP）。使用socket的.NET API函数在System.NET.Sockets和

System.NET库中。当你在Visual Stuio中基于桌面.NET函数创建Gadgeteer应用程序模板时，将自动添加*System.Dll*程序集。

本章中提到的"socket"，皆指网络套接字，除非另有说明。（本书以首字母小写区别于 Gadgeteer 的 Socket）

11.1　网络socket

socket是网络通信的基本要素。一个socket就是一个连接端点。它允许你通过网络发送和接收数据。每个socket对应一个唯一的IP地址———一个32位的二进制数。但是，为了便于人们识别，该二进制数分成了以 "." 分隔的4个0~255的数，如192.168.1.100，比十六进制数0xc0a80164易记！

要和另外一个socket发送/接收数据（如PC上的以太网连接），需要知道目的端点的地址（IP地址）。基于网络协议，在这个IP地址下可以建立若干个通道号，所以一个完整的地址应该包含IP地址和端口号。一些端口号是标准定义的，如HTTP端口80（用于互联网浏览），FTP（文件传输协议）端口21，Telnet端口23。

客户端应用程序必须知道服务器的IP地址，才能以指定的端口连接服务器。服务器将侦听所定义端口的连接请求，并接收该端口的客户端连接请求。请注意，服务器可以侦听连接端口号，并接受多个客户端的连接。

要在网络上使用主板，首先要配置设备的以太网适配器的网络设置。这些设置都存储在设备的非易失性Flash存储器上。

socket允许网络上的端点之间进行数据传输。因此，需要一个含有设备IP地址的端点。记住，应用程序不需要直接访问以太网硬件，只需要分配一个物理IP给硬件，多么神奇！创建socket实例（使用Micro Framework API函数）时，关联或绑定socket类实例到端点，定义了使用的IP地址和端口。底层驱动知道我们有哪些物理适配器及其IP地址，所以，当我们设置socket类中的端点IP地址时，底层代码知道哪个物理适配器绑定到了socket。我们下一步将配置Ethernet模块的网络设置。

在一般情况下，Micro Framework 主板只会有一个以太网类适配器。所以，我们甚至可以不用绑定 socket 指定本地端点，系统仍会默认绑定到第一个找到的网络适配器硬件上。

11.1.1 设备网络设置

假设设备与PC连接到同样的网络，我们需要进行相应的设置。

（1）在PC上，选择Start→All Programs→Accessories→Command Prompt，如图11.1所示。

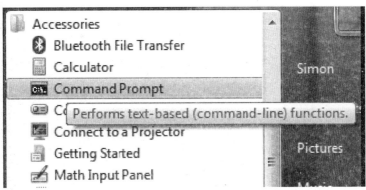

图11.1 设备网络设置（1）

另外，你也可以在Start菜单上的运行框里输入cmd，打开Command Prompt窗口。

（2）在Command Prompt窗口输入ipconfig并回车。这将显示所有网络设备IP连接的相关信息，如图11.2所示。我们感兴趣的是以太网适配器信息。

图11.2 设备网络设置（2）

"IPv4 Address"是PC本地网络连接的IP地址。你需要了解这个连接。"Subnet Mask"（子网掩码）是一个地址过滤器，限制可能的IP地址数量，通常设置为255.255.255.0。这意味着前3个IP地址数字必须匹配，只有第4个数字是可以变化的。所以，示例中的这个地址是192.168.1.105。我们将只能连接IP地址为192.168.1.xxx的设备。"Default Gateway"（默认网关）地址是网络控制设备的IP地址，通常是路由器设备（或大多数情况是你的宽带连接器/路由器）地址。

我们需要将设备的IP地址设置在同一网段，如192.168.1.xxx形式。其中，xxx为某个没有使用的IP地址，且必须是本网段内唯一的。通常，该地址也可以由路由器自动分配。但是我们要设定一个静态IP地址，以便拥有更多的控制权。假设140是一个未使用的地址（一个合理的猜测是，PC是105，不大可能有另外的35个网络设备），测试也比较方便，在命令窗口输入 ping 192.168.1.140，然后按回车。

这是一个网络命令，请求IP对应的网络设备进行响应。如果没有设备使用这个地址，则返回的结果，应该是这样的：

```
C:\Users\Simon>ping 192.168.1.140
Pinging 192.168.1.140 with 32 bytes of data:
Request timed out.
Request timed out.
Request timed out.
Request timed out.
Ping statistics for 192.168.1.140:
    Packets: Sent = 4, Received = 0, Lost = 4 (100% loss),
```

这表明没有对应设备响应，也意味着我们可以使用这个地址。

我们可以用MFDeploy配置设备的网络设置。通过USB连接设备到PC，并启动MFDeploy。设置MFDeploy检测USB设备，你会在Device Edit窗口看到设备ID。选择菜单Taget→Configuration→Network，如图11.3所示。

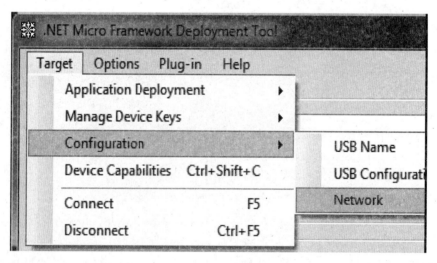

图11.3 设备网络设置（3）

几秒钟之后，就会打开Network Configuration对话框，显示当前的网络设置。图11.4显示了我们即将谈到的更改的设置对话框。

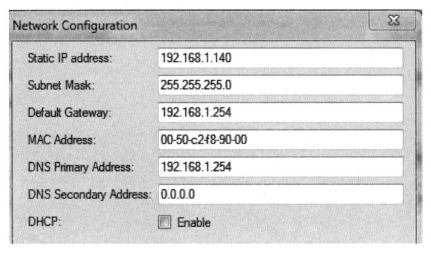

图11.4 设备网络设置（4）

以上测试表明，我们可以使用192.168.1.140作为网络地址或静态IP地址。子关掩码、默认网关和PC保持一致，分别使用255.255.255.0和192.168.1.254。将这些输入Network Configuration对话框。DNS要设置的是DNS服务器的地址，它具备解析URL的能力，如把*www.google.com*解析为对应的IP地址。我们将使用网关服务器作为主DNS地址。MAC地址是我们以太网硬件的唯一标识，在全球范围内都应该是唯一的。这个地址有一个全球管理机构进行统一管理，硬件制造商可以购买一段地址使用。以太网硬件的MAC地址由制造商提供，它可能贴在主板的标签上或通过其他方式展示。DHCP复选框允许你启用动态IP地址设置服务（通常是宽带路由器）——中央控制设备统一分配IP地址。但是，我们想自己控制使用什么IP地址，所以不勾选它。

对话框下面是配置WLAN（无线局域网）的设置。因为我们没有使用WLAN相关的模块，所以我们不需要配置。如果你完成了对话框中的Network设置，那么它应该和图11.4的一样。请注意，这只是在我的当前网络环境下所配置的设置，你可能需要配置另外的IP地址，这取决最初`ipconfig`的内容。

最后一步是单击Update按钮，把你新设置写入设备的Flash存储器。有些设备需要按下复位按钮，才能让新设置生效，但是大多数设备无需这样。

网络设置存储在Micro Framework OS主板上。底层驱动启动的时候读取这些信息来配置以太网硬件。这意味着，MAC地址存储在主板上。如果你的以太网硬件是一个单独的模块（如用SPI连接的模块），则模块MAC地址和主板不相关。所以，不论插入任何网络模块，它们都将使用相同的网络设置。

现在，我们配置好了设备的网络设置，测试一下。

（1）用网线把你的设备接入以太网。如果你的RJ-45插头上有发光二极管，应该可以看到它们偶尔会闪烁。

（2）回到PC命令窗口，或者新打开一个（如果原来的已经关闭）。

（3）重复以前的测试，通过使用ping命令测试新IP地址。输入ping 192.168.1.140并回车。如果你的设备是另外的IP地址，那么你就输入那个IP地址。你应该会看到如下信息：

```
Pinging 192.168.1.140 with 32 bytes of data:
Reply from 192.168.1.140: bytes=32 time<1ms TTL=255
Reply from 192.168.1.140: bytes=32 time<1ms TTL=255
Reply from 192.168.1.140: bytes=32 time<1ms TTL=255
Reply from 192.168.1.140: bytes=32 time<1ms TTL=255

Ping statistics for 192.168.1.140:
Packets: Sent = 4, Received = 4, Lost = 0 (0% loss),
Approximate round trip times in milli-seconds:
Minimum = 0ms, Maximum = 0ms, Average = 0ms
```

有这样的响应信息，就意味着网络设置是正确的。ping功能内置于主板OS网络驱动，所以你不需要运行任何应用程序——只要TinyCLR（主OS）正常运行即可。

11.1.2 TCP/IP服务项目

我们将使用Mountaineer Ethernet主板来演示网络示例项目。这个主板和其他Gadgeteer主板有所不同，它直接集成了USB和Ethernet模块。但是，你仍需要使用GUI设计器添加这个模块。不同的是，没有物理的Gadgeteer Socket对应。所以，你只需要从工具箱中把Ethernet模块拖到设计器中即可，不需要连接，连接会自动完成。框架依然会返回Ethernet模块类，所以从应用程序的角度来看，它和外部模块没什么两样，我们编写的以太网示例代码将可以运行在任何主板+Ethernet模块的硬件上（甚至运行在每个标准的.NET Micro Framework板子上）。

TCP/IP是一个软件协议层，其socket类（.NET IP socket）的所有操作都由底层系统的TCP/IP协议栈完成。你只要建立两个端点的连接，就可以在两个端点之间读写数据流（字节数组）。

TCP/IP是一个基于连接的协议，一个端点是TCP/IP服务器，另一个端点是客户端。服务器将侦听来自客户端的连接请求（绑定IP地址和端口号）。客户端访问服务器网络，需要知道服务器的IP地址和端口号。客户端向服务器发起连接请求。服务器接受客户端的连接后，创建新的客户端会话socket。然后，客户端与新的会话socket通信。原来的那个服务器socket将继续监听其他的客户端连接请求。

当一个socket监听网络信息时，其调用的监听函数将阻塞线程。如果你的监听函数放在主线程中运行，将会阻塞整个主线程，影响OS和Gadgeteer Framework的正常运行。在我们的服务器示例中，将专门创建一个服务器监听线程，从而释放主线程。当接收到连接请求时，会话socket会创建一个新线程，所有的操作都在这里执行。

为了测试服务器，我们需要一个客户端应用程序运行，来请求连接和传送测试数据。我们将编写一个简单的客户端程序，运行于PC。由于.NET Micro Framework是.NET Framework的一个子集，所以为PC编写的代码也可以运行在我们的主板上。不过，我们需要改变.NET库的项目引用，因为.NET程序集不是来源于Micro Framework库。

现在开始使用Visual Studio模板创建一个新的Gadgeteer应用程序。

> Mountaineer是一款新推出的主板，仅支持.NET Micro Framework 4.2。要使用它，你需要安装.NET Micro Framework 4.2 SDK并安装最新的Gadgeteer SDK(此书写作时的最新版本是x.600)。安装MF 4.2和Gadgeteer x.600后，可支持MF 4.1和MF4.2的项目，以适配主板中的固件版本。这些项目代码将工作在以MF4.1或MF4.2为内核的主板上。

我们使用Mountaineer主板，所以要添加Mountaineer主板和Mountaineer Ethernet模块，如果使用不同的主板，则需要添加相匹配的Ethernet模块。

我们的TCP/IP服务器类运行就像一个服务，它有自己的线程，一旦运行，就在后台等待连接请求。接收到连接请求时，它将启动和客户端的会话。这个会话运行于其自己的线程。我们的消息数据只是简单的字符串。从网络上接收到来自于客户端的字符串后，我们将以事件的方式通知应用程序。应用程序可以在事件中响应这个消息，并将响应信息发送给客户端。

现在添加一个名为*Server.cs*的新类到项目：

```
using System;
using System.Net;
using System.Net.Sockets;
using System.Threading;
using Microsoft.SPOT;
namespace TCPServer
{
    /// <summary>
    /// 简单的TCP / IP服务器演示
    /// </summary>
    public class Server
    {
        private const int SERVER_PORT = 1000;
        private Socket m_serverSkt;
        private int m_port;
        private Thread m_serverThread;
        private bool m_srvRunning;
        //信息接收事件
        public event ClientMsgRxDelegate OnMessageRx;

        public Server():this(SERVER_PORT)
        {}
        public Server(int port)
        {
            m_port = port;
            m_srvRunning = false;
            m_serverSkt = new Socket(AddressFamily.InterNetwork,
                SocketType.Stream,ProtocolType.Tcp);
        }
        public void Start()
        {
            if (m_srvRunning)
            { //只允许一次一个服务器线程
                Debug.Print("Server running - only one instance  allowed");
```

```
    return;
    }
    m_srvRunning = true;
    //创建本地端点并绑定到socket
    IPEndPoint svrEndPoint = new IPEndPoint(IPAddress.
        Any,m_port);
    m_serverSkt.Bind(svrEndPoint);
    m_serverSkt.Listen(4); //限制连接数为4
    Debug.Print("Server Listening..");
    //创建并启动主服务器线程
    m_serverThread = new Thread(ProcessServer);
    m_serverThread.Start();
}

/// <summary>
/// 触发收到消息的事件
/// </summary>
/// <param name="args"></param>
private void MessageRx(ClientEventArgs args)
{
    if (OnMessageRx != null)
    {
        OnMessageRx(this, args);
    }
}
/// <summary>
/// 这是主服务器监听线程
/// </summary>
private void ProcessServer()
{
    while (m_srvRunning)
    {
        //等待连接，将阻塞

        Socket client = m_serverSkt.Accept();
        Debug.Print("Connection to client");
    //创建新的连接会话
    Clienthandler handler = new Clienthandler(this,client);
}
```

```
}
#region client handler class
/// <summary>
/// 客户端socket处理器助手类
/// </summary>
private class Clienthandler
{
    private Socket m_clientSkt;
    private Server m_serverSkt;
    private Thread m_clientThread;

    private const int MICROSECS_SEC = 1000000;
    private int m_readTimeout = 0;
    public Clienthandler(Server server, Socket client)
    {
        m_serverSkt = server;
        m_clientSkt = client;
        m_readTimeout = 5 * MICROSECS_SEC;

        serviceClient();
    }

    public void ServiceClient()
    {
        //创建并启动会话线程
        m_clientThread = new Thread(ProcessClient);
        m_clientThread.Start();
    }
    /// <summary>
    /// 会话线程
    /// 监听消息
    /// </summary>
    private void ProcessClient()
    {
        using (m_clientSkt)
        {
            while (true)
            {
                try
```

```
        {
            if (m_clientSkt.Poll(m_readTimeout,
            SelectMode.SelectRead))
        {

            //如果读缓冲区为0，则表示没有数据
            //超时后
            //socket可能会消失
            int bytesavail = m_clientSkt.Available;
            if (bytesavail == 0)
            { //退出线程，关闭socket
                Debug.Print("Client lost, close
                            connection");

                break;
            }
            //有一个消息
            byte[] buffer = new byte[bytesavail];
            int bytesRead = m_clientSkt.
                Receive(buffer,
                        bytesavail, SocketFlags. None);

            ClientEventArgs args =
                new ClientEventArgs(m_clientSkt.
                            LocalEndPoint,
                            buffer);
            //让服务器的消息通知
            m_serverSkt.MessageRx(args);
            //检查变量是否响应并返回数值
            if (args.Response != null)
            { //发回响应
                m_clientSkt.Send(args.Response);
            }
        }
    }

catch (Exception)
        {
    Debug.Print("Client connection error close client");
    break;
        }
```

```
                    }
                }
            }
        }
    #endregion
    }
}
```

主服务器代码非常简单。我们有两个构造函数。我们需要为服务器设置监听端口。不需要显式地设置IP地址，因为我们只有一个适配器（通常情况下Gadgeteer主板只有一个），所以socket会自动绑定。基本构造函数将使用默认端口，示例中的端口是1000，另一个重载的构造函数，允许你传入端口号。构造函数将会创建用于服务器的socket。

想要启动服务器运行时，可以使用Start()函数。绑定socket到服务器端点，限制最多同时连接4服务器，并且启动连接监听。最大连接数依赖于硬件底层TCP/IP协议栈的具体实现。我们在Start()函数中创建服务器线程。服务器线程的方法是ProcessServer。它调用socket的Accept()函数。这将阻塞当前线程的执行，直到了一个客户端请求连接。

当客户端请求连接时，会话会创建一个新的socket（使用不同的端口号），并且返回会话socket。因为该方法会堵塞线程，所以需要在它自己的线程中运行访问函数。当有一个客户端连接会话时，我们就创建一个ClientHandler类会话，传入客户端socket并引用到服务器。客户端会话将通过ClientHandler处理，服务器线程返回新的连接请求侦听。服务器提供的另一个功能是，接收到消息时通过事件通知主应用程序，如果有响应，则向客户端发送响应信息。这个事件就是OnMessageRx，接收到消息时，由ClientHandler触发。该事件需要委托和事件参数定义。下一步我们将添加这个类，但是首先让我看看ClientHandler类。

服务器会为每个接收的新连接创建ClientHandler实例。我们会向这个类传入新的客户端会话socket和主服务器引用。由于需要引用主服务，所以可以触发OnMessageRx事件。ClientHandler类创建新的线程来管理网络数据的接收和发送。该线程函数为ProcessClient()。

ProcessClient()不断轮询socket的数据接收情况。如果接收到数据，则会读入缓冲区。创建OnMessageRx事件参数的类实例，并填入接收到消息的缓冲区和调用的事件。如果主应用程序订阅了该消息，则可以访问接收到的消息原始数据缓冲区，也有机会返回响应信息。事件触发后，`ProcessClient()`函数检查返回的事件参数，如果返回了响应信息，则把它发送给客户端。

　　如果在轮询客户端socket的情况下，发现连接已经断开（关闭或连接丢失）或发生错误，客户端会话线程将终止运行。检测连接丢失或socket关闭，可以通过轮询的返回值来判断连接是否正常，如返回0，连接就出现问题了。错误会导致代码抛出异常，因为线程代码中的socket包装在using声明中，当using声明结束后，客户端socket将自动关闭和释放。

　　由于服务器类中只有一个消息传输，所以我们没有处理全部的原始消息数据，而把它作为一个字节数组。在示例中，消息数据是一个字符串，我们在另外的应用程序类里进行数据转换。这种方式没有限制服务器代码只发送和接收字符串。应用程序类可以把原始数据转换为任何格式。

　　我们的事件需要定义一个委托，还需要一个定制的EventArgs类。我们向项目中添加一个新的ClientEventArgs类。下面的代码将定义事件参数和EventArgs类：

```csharp
using System;
using System.Net;
using Microsoft.SPOT;
namespace TCPServer
{
    /// <summary>
    ///收到客户端消息的事件参数
    /// </summary>
    public class ClientEventArgs:EventArgs
    {
        public IPEndPoint ClientEndPoint { get; private set; }
        public byte[] Message { get; private set; }
        public byte[] Response { get; set; }

        public ClientEventArgs(EndPoint clientEP,byte[] message)
        {
            ClientEndPoint = (IPEndPoint)clientEP;
            if (message == null) return;
            Message = new byte[message.Length];
            message.CopyTo(Message,0);
        }
```

```
        }
    public delegate void ClientMsgRxDelegate(object
        sender,ClientEventArgs e);
}
```

这定义了一个简单的EventArgs派生类，类中包含信息的数据缓冲区、客户端的
端点类和一个放置响应消息的数据缓冲区。公有事件的委托也在这里定义。

现在，添加代码到主应用程序*Program.cs*，以运行服务器。按以下代码修改
Program.cs：

```
using System;
using System.Text;
using Microsoft.SPOT;

namespace TCPServer
{
    public partial class Program
    {
        private Server m_tcpServer;
        private int count = 1;
        //此方法在主板启动或重置时执行
        void ProgramStarted()
        {
            string ipAddress =
                ethernetForMountaineerEth.Networksettings.IPAddress;
            int port = 1000;
            m_tcpServer = new Server(port);
            m_tcpServer.OnMessageRx +=
                new ClientMsgRxDelegate(m_tcpserver_OnMessageRx);
            try
            {
                m_tcpServer.Start();
                Debug.Print("Server running :" + ipAddress + ":" +
                    port);
            }

            catch(Exception)
            {
                Debug.Print("Error starting server, is ethernet
```

```
                connected?");
        }
        //在调试过程中,使用Debug.Print事件将信息显示在Visual Studio输出窗口
        Debug.Print("Program Started");
    }

    void m_tcpServer_OnMessageRx(object sender, ClientEventArgs e)
    {
        // 注意,此处不调用主线程
        // 将字节数组转换为字符串
        string message = new string(Encoding.UTF8.GetChars
            (e.Message));
        Debug.Print("Rx Msg " + count + ":" + message);
        Debug.Print("Client :" + e.ClientEndPoint.Address + ":"
            + e.ClientEndPoint.Port);
        //产生响应发回客户端
        e.Response = Encoding.UTF8.GetBytes(" Message "
            + count++ +" Received");
        }
    }
}
```

我们从Ethernet模块获取IP地址,并生成一些调试文本,声明该IP地址已占用。我们创建了一个服务器类实例,设置使用的端口(我们使用服务器类默认端口,也使用基类constructor())。然后,连接处理器到服务器类的OnMessageRx事件。最后,启动服务运行。事件处理器将消息的字节数组转换为字符串,并在调试语句中显示。调试语句还显示了客户端IP地址和端口号。我们对接收到的消息进行计数,并以此生成响应字符串。将该字符串转换为字节数组,并写入事件参数响应值。它返回服务器,以发送给客户端。

代码假设设备已连接网线。主板通常也会提供一个检查网线是否正常接入设备的属性——CableConnected。Gadgeteer Ethernet模块代码定义了两个事件——NetworkUp和NetworkDown,再加上一对NetworkConnected属性。但是,当前仅依赖这些事件和属性并不是一个好主意,因为它们是否正常工作取决于硬件和网络,决定使用它们之前需要进行测试。一般情况下,我发现它们并不能完全可靠地工作。所以,我们在try-except中封入server.start调用。如果网络没有连接,我们将捕获异常并输出调试语句。

1. TCP/IP测试客户端

我们的设备有了服务器应用程序，需要一个客户端进行测试。我们将使用PC上的控制台应用程序创建一个简单的客户端。我们还将演示，在Micro Framwork中写的代码，也能在桌面程序中运行。不过，代码有一个小改动。桌面.NET 库是完整版的，它提供了一个简化的客户端类TCPClient，它派生自Socket类。但Micro Framework并不支持这个类，所以我们使用正常的Socket类进行客户端代码编写。

在Visual Studio方案里添加一个新项目，但是这次使用Visual C#→Windows→Console Application模板（C#开发语言下的桌面控制台模板），如图11.5所示。

这将添加一个Windows Console项目到你的方案。*Program.cs*文件包含了自动生成的应用程序模板代码。我们添加一个名为*Client.cs*的类到项目。这将包括客户端socket函数的代码。客户端的代码和服务器的代码很相似：创建socket，连接到服务器地址，然后在其自身的线程里轮询接收到的信息。接收到消息时，为主应用程序生成接收到消息的事件。该类还提供发送方法，允许应用程序将消息发送到服务器。这个基于.NET桌面库的代码也可以在.NET Micro Framework上使用，不过桌面版和Micro Framework的.NET库不同，需要重新引用。

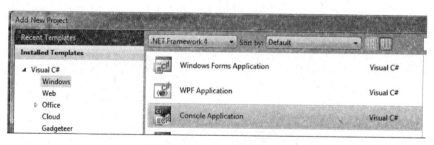

图 11.5 Windows 控制台模板

添加以下代码到你的*Client.cs*类：

```
using System;
using System.Net;
using System.Net.Sockets;
using System.Text;
using System.Threading;

using System.Diagnostics; //桌面调试语句
namespace TCPClient
{
```

```
public class Client
{
    private Socket m_client;
    private IPEndPoint serverEP;
    private bool connected;

    private const int MICROSECS_SEC = 1000000;
    private int m_readTimeout = 0;

    private Thread rxThread;
    private bool running;
    public event MsgRxDelegate OnMessageRx;
    public Client(string ServerAddress, int port)
    {
        IPAddress ipAddress = IPAddress.Parse(ServerAddress);
        serverEP = new IPEndPoint(ipAddress, port);
        m_client = new Socket(AddressFamily.InterNetwork,
            SocketType.Stream,
            ProtocolType.Tcp);

        connected = false;
        m_readTimeout = 5 * MICROSECS_SEC;
    }

    public void Connect()
    {
        if (!connected)
        {
            m_client.Connect(serverEP);
            rxThread = new Thread(new ThreadStart(ProcessRx));
            running = false;
        }
    }
    /// <summary>
    /// 这是客户端socket"读"线程
    /// </summary>
    private void ProcessRx()

        {
            running = true;
```

```
            while (true)
   {
      if (m_client.Poll(m_readTimeout, SelectMode.SelectRead))
        try
        {
          {
                int bytesavail = m_client.Available;

                if (bytesavail == 0)
                { // 退出线程, 关闭socket
                  Debug.Print("Server lost, close connection");
                  break;
                }

                  // 有消息
                  byte[] buffer = new byte[bytesavail];
                  int bytesRead = m_client.Receive(buffer,
                              bytesavail, SocketFlags.None);
                  RxMsgEventArgs args =
                      new RxMsgEventArgs(buffer);
                  MessageRx(args);
              }
          }
          catch (Exception)
          {
              break;
          }
        }
      running = false;
   }

private void MessageRx(RxMsgEventArgs args)
{
    if (OnMessageRx != null)
    {
        OnMessageRx(this, args);
    }

}

public void sendMessage(string message)
```

```
        {
            byte[] buffer = Encoding.UTF8.GetBytes(message);
            m_client.Send(buffer);
            if ( !running)
            {
                rxThread.Start();
            }
        }
        public void Close()
        {
        m_client.Close();
        }
    }
}
```

正如你看到的，该代码和我们的服务器代码很相似。构造函数中可以传入服务器IP地址和使用的端口。IP地址可以是字符串形式，如192.168.1.140。我们使用静态类函数IPAddress.Parse，将字符串转换为地址类（IPAddress）实例。服务器端点使用IP地址和端口号创建。我们新建了一个socket，也设置了轮询的超时时间。在函数Connect()中，我们使用m_client.Connect()及服务器端点向服务器发送连接请求。然后，我们创建一个线程轮询socket接收的消息。这个轮询线程是一个稍作修改的服务器代码中的线程。它轮询socket是否收到新消息，如果收到，则把消息读入缓冲区，然后触发OnMessageRx事件。

在服务器代码中，我们使用SendMessage()函数将消息发送到服务器。SendMessage()函数中调用Socket.Send方法把消息发送出去。我们需要一个委托，并为公有OnMessageRx事件定义事件参数。EventArgs类比服务器代码中的简单，仅包含一个接收消息缓冲区。

在你的项目里添加一个名为*RXMsgEventArgs.cs*的类，并添加以下代码定义EventArgs类和事件委托：

```
using System;

namespace TCPClient
{
    /// <summary>
    /// Rx消息事件参数
    /// </summary>
    public class RxMsgEventArgs:EventArgs
    {
        public byte[] Message { get; private set; }

        public RxMsgEventArgs(byte[] message)
        {
            Message = message;
        }
    }

    public delegate void MsgRxDelegate(object sender, RxMsgEventArgs e);
}
```

以上代码中的所有API调用虽然在桌面.NET中都可以正常使用，但是如果在Micro Framework里使用，必须做一些调整，因为它是桌面API的一个子集。稍后我们将介绍这个类如何在Micro Framework里使用。

我们已经有了客户端类，所以需要把这些代码添加到*Program.cs*文件中使用。

我们使用一个简单的控制台应用程序来启动客户端，并连接到设备服务器。然后，使用键盘输入字符，按回车发送这些字符串信息。服务器收到后，将发送一个响应信息，我们把这个信息在控制台窗口中显示出来。应用很简单，没有错误处理代码，如客户端和服务器连接断开这类的错误。

修改后的*Program.cs*代码如下：

```
using System;
using System.Text;
using System.Threading;

namespace TCPClient
{
    class Program
    {
        private const string SERVER_ADDRESS = "192.168.1.140";
```

```
private const int SERVER_PORT = 1000;
static void Main(string[] args)
{
    Client myclient = new Client(SERVER_ADDRESS,SERVER_PORT);
    myclient.OnMessageRx += new MsgRxDelegate(myclient_
        OnMessageRx);
    Console.Write("Connecting... ");

    myclient.Connect();
    Console.WriteLine("Connected\n");
    {
        while (true)
        {
            Console.Write("Enter a string and press ENTER
                (empty string to exit): ");
            string message = Console.ReadLine();
            if (string.IsNullOrEmpty(message))
                break;
            byte[] data = Encoding.Default.GetBytes(message);
            Console.WriteLine("Sending... ");

            myclient.SendMessage(message);

            //暂停响应时间到达
            Thread.Sleep(200);
        }
    }
    myclient.Close();
}
static void myclient_OnMessageRx(object sender, RxMsgEventArgs e)
{
    Console.WriteLine("Response: " +
        Encoding.Default.GetString(e.Message, 0, e.Message.
            Length));
    Console.WriteLine();
}
```

该代码创建了客户端类，并设置了服务器IP地址和端口（需要和设备上设置相同）。然后，调用客户端的连接方法去连接服务器。之后等待键盘输入消息，并把消息发送给服务器，再等待服务器响应信息。如果收到响应信息，就会发送到控制台窗口显示。我们通过连接事件处理器到客户端OnMessageRx事件来实现这个功能。

现在，测试客户端代码，尝试和设备服务器应用程序通信。

（1）在Visual Studio中打开服务器设备应用程序，使用USB电缆连接设备和PC，同时把设备连接到以太网网络。

（2）在Visual Studio中打开设备调试会话。我们在Visual Studio调试（Debug）模式运行设备，所以可以监视文本调试语句。

（3）导航到客户端项目的*bin*目录，在Debug（或Release）目录可找到你刚才编译的*TCPClient.exe*文件。双击运行这个Windows控制台应用程序。

你可以打开两个Visual Studio实例。其中一个实例中，你可以打开设备项目，并通过USB连接、部署、调试应用程序。在另一个Visual Studio实例中，你可以打开控制台客户端项目，并在调试器中运行。通过这种方式，无论是客户端还是服务端，你都可以从这两个应用程序中看到调试数据、设置断点。

（4）当客户端应用程序启动的时候，它会向我们设备服务器发起连接请求。在Visual Studio输出窗口，我们会看到设备调试文本"Connection to Client"。客户端请求服务器连接，服务器进行响应。

在Client Console窗口中，输入一个测试字符串并按回车键。这个字符串消息将发送给服务器。当服务器会话中接收到该消息后，则把其详细信息以调试文本发送到Output窗口。服务器会话响应将在Client Console窗口显示。

（5）如果我们关闭了客户端应用程序，断开了会话，则服务器会话检测后，也会关闭会话socket。

2. 在桌面版和Micro Framework中使用同样的代码

我们的客户端类是在桌面测试应用程序使用的，然而，我们采用的API调用在Micro Framework中也是可用的。我只对客户端和RxMsgEventArgs做两个小的改动，就可以在Micro Framework或Gadgeteer设备中使用。这些都在命名空间（using声明部分）实现。

在*Client.cs*类中，我们使用一些Debug.Print语句。在桌面.NET程序中，这个函数在`System.Diagnostics`命名空间里。但是，在**Micro Framework**系统中，它在`Microsoft.Spot`命名空间里。在C#文件中，可以使用未用的using声明，只是在编译过程中它们会被忽略。因此，这允许我们在代码中同时添加桌面和**Micro Framework**两个系统的using声明。如果你在*Client.cs*文件中添加一句`using Microsoft.Spot;`声明，则它可以在.NET项目中成功编译（实际测试发现这并不可行，除非你引用了对应的程序集——译者注）。

　　类似地，`RxMsgEventArgs`类继承自`EventArgs`类。在桌面.NET中，这个类在系统命名空间里，但是在**Micro Framework**中，它在`Microsoft.Spot`命名空间。添加`using Microsoft.Spot;`声明到`RxMsgEventArgs`类，它可以在两种.NET项目中正常编译。现在，你可以在**Micro Framework**应用程序中使用客户端类了。

11.2　Web设备

　　Gadgeteer Framework支持Web服务器和Web客户端。你可以很简单地创建Web设备。

11.2.1　Web服务器

　　Gadgeteer的`WebServer`类允许设备变成Web服务器，响应浏览器请求等。这种Web服务器基于TCP/IP服务器，有HTTP处理能力。**Gadgeteer Web**服务器定义了一个名为`WebEvent`的类。Web事件都有一个与之关联的路径名，以匹配HTTP请求的路径部分。`WebEvent`类有一个`WebEventReceived`事件，当服务器接收到匹配路径的HTTP请求时触发。该事件包括HTTP数据和具有发回响应的机制。访问设备所用的URL是设备IP地址+路径引用，如*http://192.168.1.140/home*，*home*是我们的路径引用。我们创建一个`WebEvent`并传入home标识符。Web服务器程序将添加`WebEvent`到事件集中。当它收到HTTP请求时，它会寻找匹配的`WebEvent`。找到匹配后，触发`WebEvent`的`WebEventReceived`事件。现在，事件处理器应用程序可以实现所需的请求行为。

　　除了路径，接收到的HTTP请求也可以传入参数变量。参数包含名称和值。可以传递多个参数。参数的定义形式为`[parameterName]=[parameter value]`。多个参数通过"`&`"字符分割。例如，假设主板控制两个LED开/关状态，我们可以传递两个参数——Led1和Led2。我们创建一个`LedControl`标识的`WebEvent`路径，然后HTTP请求开启Led1和关闭Led2：

```
http://192.168.1.140/LedControl?Led1=on&Led2=off
```

192.168.1.140是设备的IP地址，我们将看到示例项目中，如何从WebEvent处理器中访问这些参数。

WebEvent处理器允许我们返回响应。这种响应形式是字节数组和标准MIME（互联网媒体类型）类型。这是数据发送类型的标准定义，所以浏览器知道该如何处理。用于返回响应的Responder类提供了几个重载方法，可以自动设置正确的类型，或者你也可以显式设置。

当前自动设置的类型有图片（JPEG、BMP、GIF）、音频MP3和文本。（为什么会有音频MP3的重载方法？这对我来说这是一个谜，因为Micro Framework不支持MP3播放功能）

我们的Web服务器示例项目有一个主页，提供一个非常基本的HTML页面，上面有两个链接，用来启用主板LED的开/关状态。在浏览器中单击其中的一个链接，将发送一个HTTP请求，传入LED的开/闭状态作为参数。WebEvent用于主页及设置LED状态。

让我们看看如何使用Web浏览器控制设备及如何使用Web服务器设置Web事件。

在Visual Studio中创建一个新的Gadgeteer项目。再次采用带Ethernet模块的Mountaineer主板。添加一个主板和匹配的Ethernet模块。

添加一个名为*WebApp.cs*的新类。在这个类里，我们将添加WebServer并配置两个WebEvents。要访问和控制主板硬件上的LED，我们需要在WebApp类中添加主板实例。复制以下代码到WebApp类中：

```csharp
using System;
using Gadgeteer;
using Microsoft.SPOT;
using Gadgeteer.Networking;

namespace WebServer1
{
    /// <summary>
    /// 这是Web服务器应用程序项目的示例
    /// </summary>
    public class WebApp
    {
        private WebEvent home;
        private WebEvent webEventDebugLed;
```

```
private Mainboard m_mainboard;
private string m_ipAddress = "0.0.0.0";

public WebApp(Mainboard mainboard)
{
    m_mainboard = mainboard;
    // 创建Web事件
    InitWebEvents();
}

private void InitWebEvents()
{
    home = WebServer.SetupWebEvent("home");
    home.WebEventReceived +=
        new WebEvent.ReceivedWebEventHandler
            (home_WebEventReceived);
    webEventDebugLed = WebServer.SetupWebEvent("DebugLed");
    webEventDebugLed.WebEventReceived +=
        new WebEvent.ReceivedWebEventHandler
            (webEventDebugLed_WER);
}
/// <summary>
/// 这是主页
/// 设置链接，切换主板调试LED开/关
/// </summary>
/// <param name="path"></param>
/// <param name="method"></param>
/// <param name="responder"></param>
void home_WebEventReceived(string path,
                            WebServer.HttpMethod method,
                            Responder responder)
{
    responder.Respond(
        "<html><p>Led on <a href=\"http://"+ m_ipAddress +
        "/DebugLed?Led=on\">"
        + "Turn on debug led</a></p>"
        +"<p>Led off <a href=\"http://" + m_ipAddress +
        "/DebugLed?Led=off\">"
        +"Turn off debug led</a></p>"
    );
}
```

```
/// <summary>
/// LED开/关的Web事件处理器
/// 点击主页链接时调用
/// </summary>
/// <param name="path"></param>
/// <param name="method"></param>
/// <param name="responder"></param>
void webEventDebugLed_WER(string path,
                          WebServer.HttpMethod method,
                          Responder responder)
{
    bool ledOn = false;
    ledOn = responder.UrlParameters["Led"].ToString() == "on";
    m_mainboard.SetDebugLed(ledOn);
}

/// <summary>
/// 开启服务器
/// </summary>
/// <param name="IPAddress"></param>
public void StartServer(string IPAddress)
{
    m_ipAddress = IPAddress;
    try
    {
        WebServer.StartLocalServer(IPAddress, 80);
        Debug.Print("Server Started :" + IPAddress);
        Debug.Print("Home page http://" + IPAddress + "/home");
    }
    catch (Exception exc)
    {
        // 若无法启动服务器, 则返回错误
        Debug.Print("Unable to start server : no connection");
    }
}
}
```

在构造函数中，我们传入主板引用，以便访问调试LED。然后，创建并设置两个WebEvents。

主页事件将返回一个简单的HTML页面，两个链接切换调试LED开/关。这将调用DebugLed事件并传入led参数（on或off，取决于单击哪一个链接），Web事件处理器将处理每一个WebEventRecieved事件。

主页事件处理器将创建一个简单的HTML字符串定义链接，并使用事件传入的Responder返回。DebugLed事件处理器将从Responder获取URL的参数led，并测试这个值是否等于on：如果是，则主板开启调试LED；如果不是，那么关闭调试LED。

最后一个函数是StartServer()。我们传入服务器IP地址（设备的以太网IP地址），并调用Webserver Start函数。我们还需要传入服务器端口，用于侦听。这里使用标准的HTTP端口80，将主页URL输出到调试输出窗口。

以上代码表明，创建Gadgeteer Web服务器还是非常简单的。依次定义Web事件，把它们添加到服务器，实现了Web事件处理器，然后启动服务器。

Web服务器（如TCP/IP Server示例）一般只在后台运行，在应用程序中使用它的代价也比较小。将以下代码添加到*Program.cs*文件：

```
using Microsoft.SPOT;

namespace WebServer1
{
    public partial class Program
    {
        private WebApp m_webApp;
        //此方法在主板启动或重置时执行
        void ProgramStarted()
        {
            m_webApp = new WebApp(Mainboard);
            string IPAddress = ethernetForMountaineerEth.
                            NetworkSettings.IPAddress;
            m_webApp. StartServer (IPAddress);
            //在调试时，使用Debug.Print事件将信息显示在Visual Studio输出窗口
            Debug.Print("Program Started");
        }
    }
}
```

在主应用程序中，我们创建了WebApp的实例，传入Mainborad。我们从Ethernet

模块获取IP地址，并调用StartServer()函数，传入IP地址。和之前一样，代码希望网络连接是正常工作的。如果不正常，我们在StartServer函数中捕获这个错误。

  在调试模式下，部署并运行设备中的应用。在应用程序运行时，Web服务器的主页URL连接将在Visual Studio输出窗口显示，如图11.6所示。

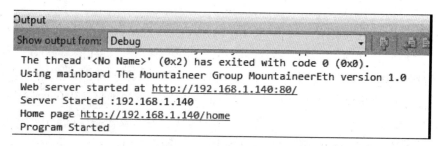

图11.6 项目输出窗口

  我们可以把这个URL输入浏览器中，也可以直接在Visual Studio的输出窗口单击这个URL。打开后的浏览器网页如图11.7所示。

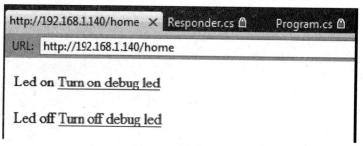

图11.7 网页显示

11.2.2 Web客户端

  Gadgeteer Framework还提供了一个WebClient类，用于访问外部Web服务器。同样，基本操作也很简单。直接调用GetFromWeb(url)，传入网站的URL，将返回一个HTTPRequest实例。HTTPRequest有一个ResponseReceived事件。当URL请求从外部服务器的响应时，就会触发这个事件。连接一个处理器到ResponseReceived事件，以获取服务器返回的数据。我所用的URL是我的一个网站，返回网站上NANO主板发布说明，一个简易的文本文件（当你看到本书的时候，也许这个URL已经无效了）。

  以下代码显示了使用WebClient的原则：

```
using Gadgeteer.Networking;
using Microsoft.SPOT;

using GT = Gadgeteer;
using Timer = Gadgeteer.Timer;

namespace WebClient
{
    public partial class Program
    {
        //此方法在主板启动或重置时执行
        void ProgramStarted()
        {
            GT.Timer timer = new GT.Timer(200, Timer.BehaviorType.
                RunOnce);
            timer.Tick += new Timer.TickEventHandler(timer_Tick);
            timer.Start();
            //在调试时，使用Debug.Print事件将信息显示在Visual Studio输出窗口
            Debug.Print("Program Started");
        }
        void timer_Tick(Timer timer)
        {

        HttpRequest request;
        request = Gadgeteer.Networking.WebClient.GetFromWeb(
        "http://gadgeteerguy.com/Portals/0/SytechFirmware/
            Release4.1.40912.txt");
        request.ResponseReceived +=
            new HttpRequest.ResponseHandler(request_
                ResponseReceived);
        }
        void request_ResponseReceived(HttpRequest sender, HttpResponse
            response)
        {

        string resTypr = response.ContentType;
        string code = response.StatusCode;
        int length = response.Text.Length;
        string sample = response.Text.Substring(0, 20);
        Debug.Print("Sample rx file:" + sample);

        }
    }
}
```

在ResponseReceived处理器中，我们将返回的简易文本文件输出到调试窗口。

11.3　Micro Framework网络支持

Micro Framework不限于简单的TCP/IP通信协议支持，它还支持UDP通信协议——一个比TCP/IP协议更简单、更快的通信协议。这意味着，它们不会和TCP/IP协议一样要求和目的服务器连接，而只是向目的地址发送信息。结果是，它不如TCP/IP可靠，因为它是一个"管杀不管埋"（Fire-And-Forget）的协议，你发送一个协议，但是它不保证对方能收到。但是大多数情况下，它都是可靠的。

Micro Framework还支持UDP广播和多播消息。多播消息支持订阅/发布方案。当你发送消息（发布），给它一个多播地址组，则地址组中任何订阅的设备都可以接收到这个消息。一组存放多个物理设备IP地址表的多播组通过路由器实现群发。也就是说，发布信息的设备，其实并不知道哪一个设备会接收到信息。这也意味着，设备订阅一组接收信息并不需要公开自己的IP地址。

如果你有机会到澳大利亚的墨尔本乘坐有轨电车，就会看到电子检票机。这些设备采用UDP组播机制发送和接收消息。每组地址都包含不同的数据，如电车停靠时的GPS坐标等。任何设备都可以订阅它们需要的不同类型的数据，且不需要公开IP地址。这是一个"发布-订阅"信息系统的示例，利用UDP组播进行消息传输。任何设备都可以发布消息，如GPS坐标，发布者不知道订阅者；同样，接收GPS坐标的设备，也不知道消息发布者。唯一共同需要的就是消息组地址（UDP组播地址）。任何设备都可以把GPS坐标信息发到这个地址，任何设备都可以订阅这个地址。保证这些设备在同一个路由器列表里，则所有的UDP信息，每个连接的设备都可以收到。

Micro Framework也支持SSL。但是，支持该功能的加密模块都比较大，所以一些内存比较小的主板设备不支持该功能。更多的SSL内容，请参考MSDN文档。

11.4　小　结

本章中介绍了使用socket发送和接收数据的基本原则。我们演示了简单的TCP/IP客户端和服务器的通信过程，还展示了如何让为Micro Framework编写的代码方便地用于桌面.NET应用程序。

我们探讨了Gadgeteer WebServer和WebClient库，并展示了如何设计连接设备用于Web访问。

第 **12** 章
设计Gadgeteer模块和主板

Microsoft .NET Gadgeteer Codeplex网站提供了两份Gadgeteer硬件设计指南，你可以在*http://gadgeteer.codeplex.com/releases/view/72208*下载。这两份文档包含了主板和模块的机械、固件和协议约定。

这份指南里即规定了一些必须遵循的规范，也包含一些不甚重要的解释性说明。你可以根据你的硬件实际需要来决定是否需要严格遵守这些设计指南。如果你打算公开出售相关产品，那么你应该遵循大部分的设计指南，以维护Gadgeteer的互操作性（任何Gadgeteer一个硬件都能和其他硬件一起协同，也就是所谓的硬件兼容性）。

以下是设计指南中比较关键的几点：

- 物理连接器Socket和连接电缆
- Socket类型，相关针脚定义不能背离规范
- 固件必须继承Gadgeteer基类

需要注意的是，如果你硬件设计中不采用同样的物理连接器和标准电缆，那么其他Gadgeteer硬件将不能和它连接。如果硬件上的Socket功能定义不遵循规范，其他Gadgeteer硬件也不能正常连接。

设计规范中还涵盖了一些不太重要的内容，如文本的大小、印制电路板（PCB）的颜色（可能有一个例外：设计规范要求电源模块用醒目的颜色标记，通常设计成红色）。

印刷电路板一般都会遵循机械规范。规范中规定了安装孔的间距（应坐落在以5mm的网格上）、安装孔的尺寸、安装孔的位置（建议在印刷电路板的4个角，并且4个角要倒圆角设计）。但是，相比机械规范，电气设计要求更加重要：印刷电路板的大小和外观可以随意一些，只要符合电气设计要求，照样可以连接其他Gadgeteer模块一起正常工作。

如果主板中的固件或模块没有继承标准的Gadgeteer基类，Gadgeteer内核将无法在Gadgeteer应用程序中正常连接和使用模块。

为了简化固件驱动程序，你可以从Gadgeteer CodePlex网站下载三个项目模板。

下载Windows Installer（MSI）包并双击文件，把这些附加项目模板安装到Visual Studio。安装完成后，你会发现Gadgeteer项目页面中的三个新模板：Mainboard、Module和Kit，如图12.1所示。

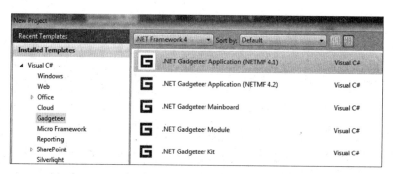

图12.1　Gadgeteer项目模板

Mainboard模板用于创建新的主板固件包。Module模板用于模块。Kit模板则用于为一些模块和可选的主板创建复合安装包。该安装包会在用户PC里安装主板和模块所有必需的固件和设计文件。

Mainboard 和Module模板将会创建出若干新项目方案。第一个项目用于生成各个Micro Framework版本支持的MSI安装包。生成此类安装包项目，必须有XML（WiX）3.5或更高版本的Windows Installer。WiX是一个开源插件，可以安装在Visual Studio环境里，用来创建标准的Windows 安装包，你可以通过*http://wix.codeplex.com/releases/view/60102*下载Wix。

模板会为你设立WiX MSI项目。你仅需在安装包里添加一些进一步的信息并列出你所需要的文件，剩下的大部分工作都可以交给这个模板来做。

你也可以查找想支持的每个Micro Framework版本的项目。通过项目名称就能够清楚地知道该项目所支持的Micro Framework版本。主板和模块的驱动实现代码就在这些项目文件里。为你的设备创建的主板或模块类，继承自所需的Gadgeteer库类。你需要更改类来生成固件驱动。

MSI项目将会为你的主板或模块创建MSI安装包和合并包。合并包通过MSI安装包使用，以创建包含了几个安装程序的MSI。这就是Kit模板的用途，使用一些模块和主板合并包创建MSI安装包。合并模块由你为每个模块创建的安装项目创建。Kit项目从你安装的每个项目引用合并文件。

12.1 模 块

相对于主板设计，模块设计更简单、更常见。模块会有一个或多个能和主板物理接口连接的Gadgeteer Socket。通常一个Socket就够了。模块的固件驱动代码必须派生/继承自Gadgeteer Module类。Module类相当简单，包含了把当前模块添加到Gadgeteer应用程序模块集合的代码。

模块固件中的第二部分通常是一个或多个Gadgeteer Interface类。Interface类定义了最常见的标准Gadgeteer Socket功能，如SPI、Serial、I^2C等。接下来，添加代码来实现你的新模块接口。

有关创建模块固件的示例请在Gadgeteer Codeplex网站查找。浏览Source Code选项卡，将打开Gadgeteer源代码最终版本的源代码树。展开页面左侧的Main树，点击Modules部分，你会看到各制造商的模块代码。MSR部分包含了微软研究院提供的示例模块固件。对于I^2C模块示例，看看加速度计部分的代码。

12.1.1 简易的定制原型模块

这是一个相对简单的任务，基于现有的传感器接口板，创建自己的Gadgeteer模块。在这种情形下，你需要一个传感器芯片或包含这个芯片的OEM板（非Gadgeteer模块），可以从SparkFun这类为DIY电子爱好者提供实验电子零件和模块的网站上选购（*www.sparkfun.com*）。

例如，你的项目需要一个12键电容触摸键盘，SparkFun的一款I^2C接口的接口板（零件编号SEN-09695）支持该功能。模块有两组连接器：一组用于控制接口和连接到电容键盘的12个驱动器输出，需要+3V3、GND、I^2C数据、I^2C时钟及中断信号，连接到你的定制电容键盘触摸板的PCB；另一组Gadgeteer I（I^2C）Socket，提供必需的控制接口信号。

模块原型可以通过Gadgeteer接口板或扩展模块来简单地生成。这些模块提供一两个Gadgeteer Socket——10针连接器，针脚间距为0.1英寸。你可以将SparkFun接口板接口连接器连接到扩展模块排针，创建一个可连接到主板的标准Gadgeteer模块接口。

参考Gadgeteer模块设计指南你会发现，需要一个I（I^2C）Socket针脚。Pin 3定义为GPIO 针脚，具有中断功能。把Pin 3连接到SparkFun接口板的中断针脚，连接I^2C数据和时钟线到Pin 8和Pin 9，从Pin 1获得+3V3，从Pin10获得GND。现在，你拥有一个具备Gadgeteer物理接口的原型模块了。

现在，看看生成模块驱动程序固件的原则。我们将会用到的设计模板来自Gadgeteer库的x.x.x.600，它可以同时支持Micro Framework 4.1和4.2。

12.1.2 使用模块项目模板

Module模板需要制造商的名称和模块所支持的Micro Framework版本。每个Micro Framework版本都需要其自身的固件驱动程序，由对应的内核库生成。模板将会用一系列项目构建一个新方案。首个项目就是用WiX生成专门的MSI安装包。

（1）用Gadgeteer Module模板在Visual Studio中创建一个新项目。

（2）在Module Project Creator对话框中，需要输入一些关于新模块的普通信息。Module Name就是项目名称，示例中为ProtoModule。

（3）对于Manufacturer Full Name，输入制造商全名，如Sytech Designs Ltd；对于Manufacturer Safe Name，输入安全名称，如Sytech。

（4）复选框决定了你想要支持4.1还是4.2版本。选择NETMF 4.2，如图12.2所示。

新方案中有一些项目。ProtoModule项目仅用于生成MSI安装包。其他两个项目是为实际的模块固件生成的——一个支持Micro Framework 4.1，另一个支持Micro Framework 4.2。我们的示例仅支持Micro Framework 4.2，因此Micro Framework 4.1将不会出现在我们的方案之内。想要删除4.1，右击项目名称并选择Remove即可。

> Module模板总是同时添加MF4.1和MF4.2项目，而不论是否选择了版本支持选项。生成选项常量设置为包含生成过程中的必需项目。在我们的示例中，选择仅支持MF4.2，所以WiX生成中将仅包含MF4.2项目。

这个模板将会为你的模块固件生成桩函数类，即*ProtoModule_42*项目中的*ProtoModule_42.cs*文件。这个模板将会添加一个连接到Pin 3的中断接口，来实现按钮功能。板子的中断功能需要一个中断接口，而非按钮代码。我们还需要一个I^2C接口，以控制连接的接口板，所以我们将添加它。以下代码在初始代码的基础上做了改动（为了缩短代码清单，我删除了模板注释）。

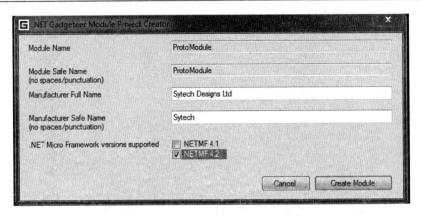

图12.2 Module Project Creator对话框

```
using Microsoft.SPOT;
using GT = Gadgeteer;
using GTM = Gadgeteer.Modules;
using GTI = Gadgeteer.Interfaces;

namespace Gadgeteer.Modules.Sytech
{
    /// <summary>
    /// 一个Microsoft .NET Gadgeteer的ProtoModule 模块
    /// </summary>
    public class ProtoModule : GTM.Module
    {
        // I²C接口
        private GTI.I2CBus I2C;

        //中断接口
        private GTI.InterruptInput input;
        //注意：构造函数摘要由doc生成器自动生成
        /// <summary></summary>
        /// <param name="socketNumber">模块插入Socket</param>
        /// <param name="socketNumberTwo">模块插入第二个Socket</param>
        public ProtoModule(int socketNumber, int socketNumberTwo)
        {
            //模块Socket
            Socket socket = Socket.GetSocket(socketNumber, true, this,
                null);
```

```
            //验证Socket选择，确保它是Socket I
            socket.EnsureTypeIsSupported(new char[] {'I' }, this);

            //创建一个GTI.InterruptInput接口，下降沿脉冲触发
            //按键按下或松开时触发
            this.input = new GTI.InterruptInput(socket,
                                    GT.Socket.Pin.Three,
                                    GTI.GlitchFilterMode.On,
                                    GTI.ResistorMode.PullUp,
                                    GTI.InterruptMode.Fallingedge,
                                    this);
            //存储一个寄存器中断输入的中断事件处理器
            this.input.Interrupt += new GTI.InterruptInput.
            InterruptEventHandler(this._input_Interrupt);
            //初始化I²C模块接口
            //I²C地址为0X5A
            i2c = new GTI.I2CBus(socket, 0x5a, 100, this);
    }
    /// <summary>
    /// 公有事件通知应用程序该事件为关键变化事件
    /// </summary>
    public event KeyChangeDelegate OnKeyChange;
    #region I2C module handling code
    //使用I²C类访问接口板寄存器并检测按键按下，在这里添加控制代码....

    private void _input_Interrupt(GTI.InterruptInput input,
                                    bool value)
    {
        // 中断处理器放在这里
        // 接口板将触发该中断
        // 每当一个按键按下或释放
        // 检测按键（读取相关I²C寄存器）并触发公有 OnKeyChange 事件
    }
    #endregion
}
//虚拟事件委托，实际事件委托将有定制的事件参数及按键数据
public delegate void KeyChangeDelegate(object sender,
                                    EventArgs args);

}
```

以上是模块固件的大体框架。我们需要编写实际的代码，来设置键盘芯片在中断触发时读取键盘状态。这个框架显示了创建模块固件的原则。

要点是继承Module基类，并且采用标准的Gadgeteer接口、中断输入及I²C接口。代码全部实现后，我们可以通过添加一个测试Gadgeteer项目来测试它。我们删除生成的设计器代码部分，手动添加模块初始化，在测试项目中添加需要引用的驱动程序项目。在主固件项目中有一个*readme.txt*文件，会教你怎样使用模板和怎样测试新的模块驱动。

当我们已经完成固件驱动程序并测试通过后，接下来就可以生成MSI安装包了。

包内的XML文件是其中一个关键部分，它定义了Gadgeteer GUI设计器所用的模块的功能。现在，我们探讨一下这个XML文件，看看还需要添加些什么。

12.1.3　GadgeteerHardware.XML

GadgeteerHardware.XML文件在主MSI项目内。它定义了Gadgeteer GUI设计器所用的模块的功能，还定义了模块Socket的类型及其在主板上的位置。部分XML文件是默认的，上面有制造商信息、模块名称等信息。其余的主板参数需要添加到文件的其他部分，它们都带有详尽的注释和说明。

板子的JPEG图像应该添加到项目的*Image.jpg*文件。这是模块的俯视图，显示出了Socket。当你添加模块到项目时，设计器就会使用这个图像。在示例中，我们可以去掉这个图像而保留系统默认的空白图片。设计器会根据板子的尺寸构造一个灰色框。

在XML文件中，我们定义模块板子的大小（mm），以及连接器的中心离板子左上角的 x 和 y 偏移量。

我们需要定义Gadgeteer Socket的位置及所用的针脚。我们将根据Gadgeteer模块原型特征设置合适的尺寸和插槽位置。因此，系统默认的板子尺寸为22mm×44mm。

文件会列出该模块所需要的程序集，进而通过GUI设计器添加为引用。在我们的示例中（针对大多数模块而言），唯一的要求是需要实际固件驱动的程序集。

XML文件的下一个定义是Socket。在这里，我们定义了Socket类型（示例中是I类型）及Socket在板子上的位置。我们把Socket放在板子的中心。接下来，我们定义Socket上使用的针脚。我们仅用了作为中断输入的Pin 3、I²C时钟和I²C数据信号。在主板上，I²C总线可以被多个Socket共用，因此I²C时钟和数据信号是可以共享的。我们要让设计器知道其他Socke也可以使用这些针脚，因此将这些针脚标记为共享。但是，Pin 3仅供我们的模块专用，所以标记为不共享。

为了简洁，我删除了所有的注释及模板XML文件中多余的行。模块XML文件如下：

```xml
<?xml version="1.0" encoding="utf-8" ?>
<GadgeteerDefinitions xmlns="http://schemas.microsoft.com/
Gadgeteer/2011/Hardware">
 <ModuleDefinitions>
   <!-- The Unique ID is auto-generated and does not usually need to
   be modified. -->
   <ModuleDefinition Name="ProtoModule"
           UniqueId="c87a7ec6-6e3c-40de-92ba-7788b916cc4d"
           Manufacturer="Sytech Designs Ltd"
           Description="A ProtoModule module"
           InstanceName="ProtoModule"
           Type="Gadgeteer.Modules.Sytech.ProtoModule"
           ModuleSuppliesPower="false"
           HardwareVersion="1.0"
           Image="Resources\Image.jpg"
           BoardHeight="22"
           BoardWidth="44"
           MinimumGadgeteerCoreVersion="2.42.500"
           HelpUrl=""
                >
<Assemblies>
    <!-- This lists the assemblies which provides the API to this
    module -->
    <Assembly MFVersion="4.2" Name="GTM.Sytech.ProtoModule"/>
    </Assemblies>
<Sockets>
    <!-- Define a I2C socket in the center of the board -->
    <Socket Left="11" Top="22" Orientation="0" ConstructorOrder="1"
    TypesLabel="I">
    <Types>
      <Type>I</Type>
    </Types>
    <Pins>
        <Pin Shared="false">3</Pin>
        <Pin Shared="true">8</Pin>
```

```
        <Pin Shared="true">9</Pin>
      </Pins>
     </Socket>
    </Sockets>
  </ModuleDefinition>
 </ModuleDefinitions>
</GadgeteerDefinitions>
```

你将光标悬浮在XML文件的节点值上， IntelliSense将会弹出值的描述及用途。

再次提醒，XML和*Readme.txt*文件内都有详尽的讨论和使用指南。

Micro Framework 4.2中，Gadgeteer程序集在Micro Framework 4.1的基础上稍做了些调整。SPI、串行和Web代码被放进了其自身程序集DLL内。使用新的应用程序模块时，仅添加一些基本程序集的引用即可。*GadgeteerHardware.xml*文件内有详细描述，设计器可以为模块添加指定的程序集到引用中。

12.1.4 MSI的生成

最后一步是设置项目，以生成MSI安装包。这将打包所需的DLL及相关文件，并把这些文件放入可供Gadgeteer GUI设计器访问的目录，还要把DLL添加到GAC(Global Assembly Cache，全局程序集缓存)内。这样一来，当你在项目里添加程序集时，系统会把它们添加到.NET选项卡。实现这个过程，需要进行注册。所有的内容都会封装到一个自动安装包内。

再次查阅*readme.txt*文件，了解详细安装过程。

在我们的示例中，固件项目文件是唯一必需的文件。它们由设计模板自动添加到WiX项目中。如果有其他文件添加到程序包，你只需要修改项目。我们采用系统默认程序包版本1.0.0.0。如果你需要一个不同版本号，可以在ModuleSoftwareVersion的*common.wxi*文件中自行设置。

为了编译MSI安装包,在Visual Studio顶端的工具栏内,将编译模式由Debug(调试)模式更改为Release(发布)模式。在Explorer窗口单击Solution,然后在下拉框中选择Release,如图12.3所示。

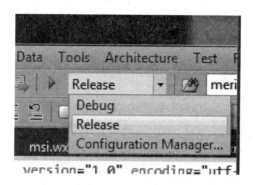

图12.3 选择Release模式编译

设置方案为Release模式后,在Solution Explorer中右击的方案名称并选择BuildSolution。

WiX生成时间比较长,但是一般不会出现什么错误。MSI安装包将可以在主MSI项目目录*bin\Release\Installer*找到。现在,我们有了一个名为*ProtoModule.msi*的新MSI文件。

如果Visual Studio在打开状态,那么请关闭它。双击*ProtoModule.msi*文件进行安装。在确认一些常见的Windows安全问题操作后,程序包就会继续安装,如图12.4所示。

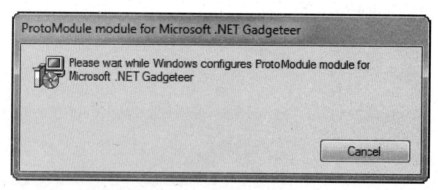

图12.4 安装MSI的窗口

程序包成功安装后,模块就能在新的Gadgeteer应用程序上使用了。打开Visual Studio并创建一个新的Gadgeteer应用程序。因为我们的模块仅支持4.2版本,所以请选择Micro Framework 4.2。

设计器会添加默认主板。查看Toolbox，你就会发现新模块。在示例中，制造商的全名设置为Sytech Designs Ltd，所以我们的模块应该在Toolbox的Sytech Designs Ltd部分。拖动这个模块到设计器内。因为没有设置JPG图像，所以是一个特定尺寸的空白图像（在*GadgeteerHardware.xml*文件中设置）。在设计器中，模块通过I^{2}C Socket连接到主板（图12.5）。

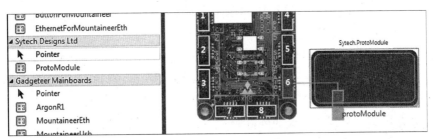

图12.5 在设计器中使用模块

注意，显示的Socket位置并不正确，我们可以在*GadgeteerHardware.xml*文件中让Socket旋转90°，纠正这个问题。Socket旋转90°后，正好落入主板大小范围内。不过，由于这是一个虚拟模块，所以这并不是很重要。任何变动都需要重建项目以生成新的MSI。如果你想使用同样的版本号（1.0.0.0），那么请在用Windows程序管理器卸载程序包，然后重新安装；或者，增加版本号，以覆盖原来的安装。

> MSI安装模块文件位于*Program Files\Full Company Name\Microsoft. NET Gadgeteer\Modules\ModuleName*。你也可以导航到这个文件夹，访问*GadgeteerHardware.XML*文件。你可以对Socket位置等做最终手动调整并保存文件，然后重新打开Visual Studio和项目查看改动效果。通过这个方式，你可以把任何一个Socket位置调整到最佳位置并查看效果。在觉得位置合适，可以把最终设置应用到项目中的XML文件，然后重新编译MSI。

在新的测试项目中，如果查看项目引用，你会发现新模块自动添加DLL引用了。在Solution Explorer中点击Add Reference，然后查看.NET选项卡，你会发现`GTM. Sytech.ProtoModule`已经添加到.NET程序集了。

创建模块固件和安装包，是一个相当复杂的过程。但是，WiX MSI项目的Module

Builder Template简化了生成所需GUI设计器接口的复杂度，让创建基础模块程序包变得十分容易。

掌握这些知识后，你会发现创建自己的定制模块其实并不难。

12.2 主 板

创建定制主板和安装包的过程和创建模块时基本相同。但是，相比设计一个简单的模块，设计自己的主板的过程要复杂得多。需要自己创建主板的可能性并不大，因为市场上有不同功能、不同价格的主板，能满足我们的大多数普通需求。

设计主板最关键的部分，就是Micro Framework系统移植，这是一个非常高深的话题，已经超出了本书的讨论范围。

如果你有兴趣，想了解主板的固件驱动是如何工作的，可以到Gadgeteer CodePlex网站看看，许多制造商把固件驱动源代码都公开在网站上了。

第**13**章
将Gadgeteer原型转化成产品

使用主板、模块和Gadgeteer库这些软硬件，你已成功地将设计转化为了原型。而现在,你可能正想把这些设计原型转化成产品。

如果产品小批量生产，采用Gadgeteer OEM模块和主板是比较好的方式。但如果是大批量生产，那我们的设计应该认真考虑主板与模块的设计。研究采用OEM板和相关的简单设计的定制板的成本，你将会发现，一般情况下定制板是不划算的，除非一次生产量在100个以上。

13.1　使用现有模块还是自行设计

关键因素是你的生产量是多少，如果只是小批量生产，如10个，那么最好的解决方案就是你现在正采用的OEM主板与模块的方式。然而，如果你需要做500个，这个解决方案可能不是最实用、最划算的。这种情况下，就需要你重新设计和委托加工印制电路板，包括主板和模块。

大多数Gadgeteer主板和模块的设计都是开源的，你可以直接使用硬件电路的设计和相关固件，而无须支付许可费。例如，设计使用1个主板和4个模块，将包括5块PCB和至少4根电缆及连接器。相关成本主要是PCB设计费和制版费，材料成本并不是最主要的部分。例如，制作20mm × 20mm的PCB并不比制作100mm × 100mm的PCB贵很多。同样，如果你批量生产单一产品，生产成本将会降低很多。例如，整体制作10块功能完整的PCB要比分开制作5个单一功能模块的集合体（一共需要制作50块PCB）要便宜得多。

使用一些贴片型器件（SMT）是不可避免的。这些器件直接贴装在底板上，而不是那种通孔直插焊接。如果少量制作，则可以手工焊接。这是一种劳动密集型且需要经验的工作，通常应该让专门的工厂为你加工，由专门的数控机床（造价高昂）完成贴装。再次说明，此加工过程的主要成本在机器配置环节，因为哪些元器件放在电路板上的什么位置，是需要编程处理的。一体成形的PCB比起拼接组装的成本便宜很多。一旦这个操作流程编写好，后续的电路板制作就仅仅是简单机械式地重复了。

举个例子，计算一下当前产品的成本（采用1个主板和1个模块）：

- 主板：29.95美元， Cortex M4板
- 模块1：9.95美元，电源和USB设备
- 模块2：19.95美元，USB虚拟串行端口
- 模块3：12.90美元，加速度计
- 模块4：4.95美元，按钮和LED
- 成本总计：77.7美元

再比较一下采用OEM模块和采用定制板的方式，制作10个和100个这样的单元所需的成本分别是多少?

若采用模块，费用简单表示如下：

- 10个单元总费用为777美元，单价为77.7美元
- 100个单元总费用为6993美元，单价为69.93美元

由于一次性定做100个单元，因而你可以与代工厂协商价格（会有相应的折扣）。

下面，我们核算一下定制板的成本。若将单元规格设置成60mm×80mm大小，因功能较简单，我们采用双层板方式：

- PCB设计费用:约1200美元
- PCB制造费用:

  10块板总计221美元（单价为22.10美元）

  100块板总计484美元（单价为4.84美元）
- PCB组装费用:

  10块板总计640美元

  100块板总计1600美元
- 零部件费用:

  10块板总计24.75美元

  100块板总计1950.00美元
- 成品板的总费用:

  10块板总计2308.50美元（单价230.80美元）

  100块板总计5234.00美元（单价52.34美元）

结果表明，制作100块以上的定制板才算比较划算。其中的PCB设计费是一次性成本，如果再制作100块同样的板，可以节省设计费1200美元，将比第一块板减少20%的

成本。显然，如果仅仅需要10块板，采用定制设计是不划算的，除非有其他更重要的设计因素影响，如要求减小尺寸。在我们的示例中，若仅需要10块板，那定制设计的成本几乎是OEM方式的4倍。

有些主板和模块有电路和PCB的Eagle设计文件。Eagle是非常廉价的电路和PCB设计程序包。采用Eagle，你可以自行设计PCB，使用这些设计文件可以节省PCB设计费。还有几款其他的廉价设计工具同样也具有可用性，而且有的还支持Eagle设计文件。

定制设计板有很多优点。你可以控制它的大小和形状、连接器的位置等。单块板子集成会比五六个模块通过电线与主板连接的方式更可靠。而从商业角度来看，最重要的优势是你已经完全控制生产过程，不再依赖第三方产品。

我推荐采用经历Micro Framework硬件和软件设计的设计顾问，让你的设计投入生产。但是，由于我的公司提供设计服务，因而我所叙述的内容可能有些倾向性。

13.2　包装你的原型

也许你有创意或发现了产品的市场需求，最大的障碍是将创意或市场需求转换成产品所需的费用。通常情况下，开发阶段的花费是相当昂贵的。Gadgeteer和OEM模块可以使你从设计原型阶段转到概念验证阶段，这一过程仅需很少的费用。最大的花费是时间。有了设计原型，且提出正确的提案，就可以向投资者进行推介，来筹集必要的资金，进而使你的创意能变成产品而批量生产。

Gadgeteer本身的特性使得其原型看起来像科研项目，电路板和电线无处不在，比较杂乱。将设计原型封装在定制外壳内，是原型转化成产品的一个重要的环节。

Gadgeteer采用统一定制的技术规范，使得它更简单易用。电路板之间的连接采用同一规格的带状电缆，连接器采用极化插头，避免反插和错位。主板和模块的安装孔都是相同的直径（3.2mm，使用M3螺丝），孔间距为5mm的整数倍。孔到电路板边缘距离为3.5mm，电路板四角为圆角。

3D打印外壳对于定制外壳来说是比较好的方式。

在Gadgeteer CodePlex网站上，你能够找到几个现有Gadgeteer硬件系列产品的3D模型（截至本书写作时已有44个硬件模型），简化你给设计原型制作外壳的过程。设计好的3D模型文件可以通过3D打印机生成实际的外壳。现在的3D打印机和3D设计包还是很昂贵，不过应该会有一些公司在合理的价位上提供3D打印服务，如Ponoko、Shapeways和i.materialise。在搜索引擎中输入公司名称就可以找到这几家公司的网站。

3D建模应用程序有Autodesk 123D、 Dassault Systèmes SolidWorks、 Autodesk Inventor和Alibre等。一些价格昂贵的3D建模应用程序会提供教学版，在正式版的价位上打了很大的折扣，前提是使用者必须为学生，而且不能用于商业用途。而123D是一款免费的3D建模应用程序，并且在Gadgeteer CodePlex网站下载的3D模型文件可以直接用123D编辑。

使用这些低成本的3D建模软件，可以自行设计一个初步的产品外壳。由于都是由你自己来设计，比起传统的求助于专业设计人员，设计成本在这一阶段大大减少了。

附 录

Gadgeteer与Micro Framework 4.2

Gadgeteer库是微软.NET Micro Framework 的一个扩展，同所有的操作系统一样，会不断地改进，并发布更新的版本。Gadgeteer发布的第一版是在Micro Framework version 4.1的基础上开发的。在写作本书的时，Micro Framework版本号为 4.2，Gadgeteer库版本号也更新到2.42.600。此版本既支持Micro Framework 4.1 ，也支持Micro Framework 4.2。这两个版本均可在Visual Studio 2010开发环境中运行。

在编写应用程序时，在Micro Framework系统（SDK版本）中，所有代码必须使用相同版本的Micro Framework和Gadgeteer库文件。主板的操作系统固件也必须采用相同版本的Micro Framework。

如果主板支持Micro Framework 4.1 QFE1，那么你的Gadgeteer 应用程序也必须相应地支持MF 4.1 QFE1以上版本。

如果你安装的是Micro Framework 4.2 SDK，就意味着既支持MF 4.1也支持MF 4.2项目。Gadgeteer的2.42.600版本也是既支持MF 4.1，也支持MF 4.2。项目模板既可创建成MF 4.1应用程序，也可以创建成MF 4.2 应用程序。选择MF 4.1和MF 4.2中的一个创建应用程序，那么Visual Studio开发环境将为你创建与该版本对应的DLL文件。Micro Framework 4.2 SDK将安装两套内核DLL文件，一套用于MF 4.1，另一套用于MF 4.2。由于在注册表中已经设置好，因而Visual Studio 开发环境能够自己找到相应的DLL文件。

Gadgeteer MF 4.1和 4.2 应用程序

如前所述，Gadgeteer的2.42.600版本支持写入MF 4.1和MF 4.2应用程序。两个版本的库略有不同。在MF 4.1应用程序中，项目模板将为该项目增加一套完整Gadgeteer库的DLL文件。主库的DLL文件包含所有的Gadgeteer `Interface`类，因而你可以在应用程序中布署所有的代码库，如SPI接口，即使你从来没有使用过任何一个SPI接口模块。这意味着大量的基础代码部署到设备中，因而需要更大的内存容量。

随着STM Cortex M3/M4处理器的大量应用，也使得对硬件内存的容量需求相应减小。这一优点使得硬件主板可以采用"单芯片"解决方案。Flash和RAM存储器均可配置在芯片内。这样大大降低了硬件成本，缺点是内存容量受到了限制。

Micro Framework 发布的版本

Micro Framework 4.2 有两个主要版本：MF 4.2 QFE1 和 MF 4.2 QFE2。其中，MF 4.2 QFE2 是 MF4.2 的最终版本。发行这两个版本的主要原因是潜在的问题和 Windows USB 驱动。因为在一定条件下，如果将 USB 连接中断，某些连接了主板的 PC 会受到系统崩溃的威胁——会产生蓝屏死机（BSOD）式系统崩溃。这是相当严重的问题，需要立即更新版本，而不是等到下一个计划版本的更新（MF 4.3）。MF 4.2 QFE2 将基本代码添加到 USB 驱动程序中，是一种 Win USB 类型，而不是自定义的 USB 驱动程序。不过，传统的 USB 驱动也同样支持。Win USB 驱动功能在 PC 上以一种保护模式运行，不会导致核心操作系统出现崩溃情况。这给了主板硬件制造商自主选择 Win USB 驱动的权利。硬件制造商可以将 USB 驱动直接集成在其固件中。此外还包括一些小的改进和 Bug 的修复，并添加了数字模拟转换器（DAC）的支持功能。

请核实主板制造商提供的文档，以确定它支持哪些固件：QFE1 或 QFE2。Micro Framework SDK 要求配置正确的 QFE 版本。这在 DLL 文件中会有细微的差别，如果主板支持 QFE1，而你却安装的是 QFE2（或反之亦然），可能会遇到版本兼容性问题。

为了充分利用这些新设备，MF 4.2版本的Gadgeteer库文件被重构。一些接口类从主类库中分离出来成为单独的DLL文件。以太网相关的代码也被放入其自身的DLL中。GUI设计器在创建新的MF 4.2项目时，只会引用最小的Gadgeteer库，仅用到其中少量的基础代码。模块定义功能进行了扩展，允许模块指定其所需的Gadgeteer库。当你使用设计器添加模块到应用程序时，设计器会添加引用到DLL。这意味着，你的基础代码仅包含需要的库代码，最终封装后的代码会很少。

MF 4.3 和 Visual Studio 2012

以下的讨论基于预发布版本的信息。其中的一些细节可能会与最终公开发布版本有所不同。

每隔几年，微软都会对其操作系统和开发工具"大换血"。而我们的领域可能不会受太大的影响。

随着Window8操作系统即将发布，我们也得到新版Visual Studio开发工具，即Visual Studio 2012。值此，新版本的Micro Framework（即Micro Framework 4.3）和SDK将集成于Visual Studio 2012。

届时，将会有一个支持Micro Framework和Gadgeteer的Express版的Visual Studio 2012。实际上，一些新版的Visual Studio 2012 Express将支持不同的开发环境，如Window Phone8和Microsoft Apps。

程序集的嵌入和引用

生成 Micro Framework 固件镜像后，制造商可以选择在 Flash 镜像中嵌入托管的 DLL 代码，或者在需要的时候通过 Visual Studio 将其下载下来。Micro Framework 内核系统有各种检查机制来确保"托管"代码与"原生"代码相匹配。大多数 .NET 库（在 Flash 中）都可以托管 DLL 版本和匹配原生代码。因此，一般而言，它通常是嵌入到托管代码中。这有助于确保匹配正确的 DLL 版本。

一些制造商使用该特性，使得单芯片方案更有效。有些 .NET DLL 库文件（如 graphics DLL 库文件）并非用于每个应用程序。如果你不使用显示器或 SPI 显示器，而且你的应用程序中也没有图形，那么就不需要 graphics DLL 库文件。因而，不会将一些 .NET DLL 库文件嵌入 .NET Flash 镜像中。这给应用程序镜像提供了更多的空间。如果你的代码使用了一个非嵌入 DLL，那么当你在 Visual Studio 中部署应用程序时，它将能检测到 DLL 不在 Flash 中，并将对应的 DLL 库文件连同应用程序一起部署到 Flash 镜像。

在大多数情况下，这一过程运行良好。但如果你所采用的固件是在 MF 4.2 QFE1 版本生成，却在 MF 4.2 QFE2 版本布署，可能会得到错误的 DLL 库文件。最好的结果是，在下载过程中检测到错误，或编译时产生运行时错误。但也可能出现最差的结果，如直接导致操作系统崩溃，却没有任何关于该问题的说明。

你可以通过 MFDeploy 测试哪些 DLL 库文件嵌入到了 Flash 中。首先，你要确保主板是一个纯净版，没有下载任何应用。

（1）将主板与 MFDeploy 连接，并点击主页面上的 Erase 按钮。

（2）选择删除 User Application 部分（如果 Firmware 选项是可见的，不要选择）。这将删除设备中的所有用户应用程序。

（3）从主工具栏菜单中，选择 Plug-in → Debug-Show Device Info，把所有写入到 Flash 中的 DLL 库文件的列表显示到输出窗口。

注意，在你使用 Visual Studio 安装任何东西时，DLL 库文件也同样被列出。所以，测试之前需要把设备数据清空。

支持Micro Framework的Express版本，将会在Visual Studio 2012主要版本发布之后不久发布。

Micro Framework 4.3 SDK将支持 MF 4.1、MF 4.2和MF 4.3，也将支持MF 4.3的Gadgeteer库文件。估计硬件制造商也会迅速发布支持MF 4.3固件的主板。

会有很多因素促使人们齐心协力地为这个新版本做大量的工作，这也归功于微软在.NET Micro Framework和Gadgeteer方面做出的承诺和支持。